少儿学编程

跟小海龟学
Python

童晶 童雨涵 著

人民邮电出版社

北京

图书在版编目（ＣＩＰ）数据

跟小海龟学Python / 童晶，童雨涵著． -- 北京 ：
人民邮电出版社，2022.6
　（少儿学编程）
　ISBN 978-7-115-58369-7

　Ⅰ．①跟… Ⅱ．①童… ②童… Ⅲ．①软件工具—程
序设计—少儿读物 Ⅳ．①TP311.561-49

中国版本图书馆CIP数据核字(2021)第267914号

◆ 著　　　　童　晶　童雨涵
　 责任编辑　吴晋瑜
　 责任印制　王　郁　焦志炜

◆ 人民邮电出版社出版发行　　北京市丰台区成寿寺路 11 号
　 邮编　100164　电子邮件　315@ptpress.com.cn
　 网址　https://www.ptpress.com.cn
　 涿州市般润文化传播有限公司印刷

◆ 开本：720×960　1/16
　 印张：14　　　　　　　　　　2022 年 6 月第 1 版
　 字数：234 千字　　　　　　　2025 年 4 月河北第 8 次印刷

定价：79.90 元

读者服务热线：(010)81055410　印装质量热线：(010)81055316
反盗版热线：(010)81055315

前　言

写作目的和背景

在众多的文本类编程语言中，Python因具有简单易学、功能强大、应用广泛等特点，越来越得到初学者的青睐。而对于Python的入门学习，不得不提的就是turtle（海龟）库，用户通过代码控制一只小海龟在屏幕上爬行，可以绘制出各种精美的形状和图案。简单便捷的图形化方法、即时反馈的绘图效果使海龟绘图成为很多编程入门者的首选。

turtle库源于1968年诞生的LOGO编程语言——也是世界上第一款针对儿童教学使用的编程语言。多年前，LOGO之父西蒙·派珀特就提出了"低地板"和"高天花板"的原则。"低地板"是指给新手简单容易上手的起点，"高天花板"是指学习过程循序渐进，最后能达到一个很高的水平。

然而，即便利用turtle库，目前大部分Python图书却仍然有"高地板""低天花板"的问题。很多图书会先系统讲解语法知识，知识量大，导致读者学习困难；所举实例一般偏数学算法，过于抽象、枯燥，导致读者不感兴趣。即便讲到turtle库的相关教程一般也先系统讲解坐标系、画笔设置、绘制函数等内容，再介绍实例，导致初学者入门困难。另外，大部分图书使用

turtle库还局限在绘制一些简单的静止图案，难以绘制复杂的图形，更不用说实现动态图形、开发互动游戏了。

针对上述问题，本书把turtle库应用于Python编程教学，带领读者从零基础开始学习。书中不安排专门章节讲解Python语法和turtle库的知识，而是在趣味案例的开发过程中，通过案例逐步介绍新的知识，便于读者理解，并在实际应用中体会。书中案例涉及绘制几何图案、错觉艺术、分形图形、互动程序、趣味游戏等多个领域，可有效提升读者的学习兴趣。另外，本书提供了大量练习题，帮助读者在学习编程的同时锻炼逻辑思维，提升认识问题、解决问题的能力。

本书希望能够真正践行西蒙·派珀特、米切尔·雷斯尼克等先驱提出的教育理念，为读者提供"低地板"入门、"高天花板"挑战、"宽墙壁"发挥空间的学习路线。下面就请大家打开计算机，边看边练，体会Python编程带来的乐趣吧！

主要内容

本书共35章，按语法知识和实现案例的难度分为初级篇、中级篇和高级篇。

第1章到第22章为初级篇，旨在带领读者从零基础开始，一边学习Python基础语法，一边把学到的知识用于绘制各种各样的图形。主要内容包括常量变量、算术运算符、逻辑运算符、if选择语句、for循环语句、列表等Python基础语法知识，以及前进后退、左转右转、抬笔落笔、设置颜色等turtle库的基础绘制功能。

第23章到第30章为中级篇。要绘制更复杂的图形，需要掌握绝对坐标系，以方便准确定位；要处理复杂的任务，需要掌握函数封装的方法，以把问题分块处理，降低程序设计的复杂度；要绘制美丽的分形图案，需要掌握函数递归调用的方法。本篇将介绍与这些知识相关的内容。

第31章到第35章为高级篇。这一部分介绍turtle库的高阶功能，旨在帮助读者让图形运动起来，并可与鼠标指针交互。要开发趣味游戏，读者还需要掌握面向对象的方法，以进一步降低复杂程序的开发难度。

使用方法

本书每章案例会分成多个步骤，逐步引入新的Python语法和turtle库的知识，从零开始一步一步实现。读者可以参考书中的讲解思路，先自己尝试编写下一个步骤的代码，如果遇到困难，可以参考配套资源中的范例程序。

对于正文中没有涉及的部分语法知识，附录A予以补充。读者也可以利用附录B，快速查找某一语法知识在书中出现的章节。对于每章语法知识、绘图案例的讲解后的练习题，读者可以先自己实践，再参考配套资源中给出的答案。

本书为读者提供配套资源，包括案例代码、练习参考答案、图片素材、演示视频，可以在线下载。

读者对象

本书适合任何对编程感兴趣，特别是首次接触编程的人，也适合学过其他编程语言、想快速学习Python的人。此外，本书可以作为学习程序设计的教材或参考教材，也可以作为编程爱好者的自学用书。

10岁的孩子可以独立阅读本书的初级篇，再在家长陪同下学习本书的中级篇和高级篇。

资源与支持

本书由异步社区出品，社区（https://www.epubit.com/ ）为您提供相关资源和后续服务。

配套资源

本书提供以下资源：

- 配套资源代码和素材；
- 书中习题答案；
- 书中彩图文件。

要获得以上配套资源，请在异步社区本书页面中点击 配套资源 ，跳转到下载界面，按提示进行操作即可。注意：为保证购书读者的权益，该操作会给出相关提示，要求输入提取码进行验证。

如果您是教师，希望获得教学配套资源，请在社区本书页面中直接联系本书的责任编辑。

提交勘误

作者和编辑尽最大努力来确保书中内容的准确性，但难免会存在疏漏。欢迎您将发现的问题反馈给我们，帮助我们提升图书的质量。

当您发现错误时，请登录异步社区，按书名搜索，进入本书页面，点击"提交勘误"，输入勘误信息，点击"提交"按钮即可。本书的作者和编辑会对您提交的勘误进行审核，确认并接受后，您将获赠异步社区的100积分。积分可用于在异步社区兑换优惠券、样书或奖品。

扫码关注本书

扫描下方二维码，您将会在异步社区微信服务号中看到本书信息及相关的服务提示。

与我们联系

我们的联系邮箱是contact@epubit.com.cn。

如果您对本书有任何疑问或建议，请您发邮件给我们，并请在邮件标题中注明本书书名，以便我们更高效地做出反馈。

如果您有兴趣出版图书、录制教学视频，或者参与图书翻译、技术审校等工作，可以发邮件给我们；有意出版图书的作者也可以到异步社区在线提交投稿（直接访问www.epubit.com/selfpublish/submission即可）。

如果您是学校、培训机构或企业，想批量购买本书或异步社区出版的其他图书，也可以发邮件给我们。

如果您在网上发现有针对异步社区出品图书的各种形式的盗版行为，包括对图书全部或部分内容的非授权传播，请您将怀疑有侵权行为的链接发邮件给我们。您的这一举动是对作者权益的保护，也是我们持续为您提供有价值的内容的动力之源。

关于异步社区和异步图书

"异步社区"是人民邮电出版社旗下IT专业图书社区，致力于出版精品IT技术图书和相关学习产品，为作译者提供优质出版服务。异步社区创办于2015年8月，提供大量精品IT技术图书和电子书，以及高品质技术文章和视频课程。更多详情请访问异步社区官网https://www.epubit.com。

"异步图书"是由异步社区编辑团队策划出版的精品IT专业图书的品牌，依托于人民邮电出版社近30年的计算机图书出版积累和专业编辑团队，相关图书在封面上印有异步图书的LOGO。异步图书的出版领域包括软件开发、大数据、AI、测试、前端、网络技术等。

异步社区

微信服务号

目 录

初级篇

第1章 世界你好 ········· 2

1.1 什么是 Python ········ 2

1.2 Python 在线开发
环境 ············· 2

1.3 Python 离线开发
环境 ············· 4

1.4 小结 ············· 7

第2章 绘制线段 ········· 8

2.1 显示海龟 ········· 8

2.2 海龟前进 ·········· 9

2.3 小结 ··········· 11

第3章 正方形 I ········ 12

3.1 向右旋转 ·········· 12

3.2 绘制折线 ·········· 14

3.3 绘制正方形 ········ 15

3.4 小结 ··········· 16

第4章 正方形 II ········ 17

4.1 修改正方形的边长 ··· 17

4.2 变量的概念 ········ 18

4.3 应用变量设定正方形的
边长 ··········· 19

4.4 小结 ··········· 20

第5章 正方形 III ········ 21

5.1 for 循环语句·········· 21

5.2 利用 for 循环语句绘制
正方形 ·········· 23

5.3 小结 ·········· 24

第6章 正方形螺旋线 ······ 25

6.1 for 循环与 range() ··· 25

6.2 绘制正方形螺旋线 ··· 27

6.3 小结 ·········· 29

**第7章 旋转的正方形
螺旋线** ··········· 30

7.1 设置不同的旋转
角度 ·········· 30

7.2 小数 ·········· 32

7.3 小结 ·········· 33

第8章 正多边形的角度··· 34

8.1 数学运算 ········ 34

8.2 计算正多边形的
角度 ·········· 35

8.3 小结 ·········· 37

第9章 任意正多边形 ··· 38

9.1 input() 键盘输入 ······ 38

9.2 输入正多边形的
边数 ·············· 39
9.3 小结 ·············· 41

第 10 章　任意螺旋线 ······ 42
10.1 类型转换函数 ······ 42
10.2 键盘输入螺旋线的
参数 ·············· 44
10.3 小结 ·············· 45

第 11 章　旋转的正方形 ··· 46
11.1 循环的嵌套 ······ 46
11.2 绘制旋转的
正方形 ·········· 47
11.3 小结 ·············· 49

第 12 章　设置颜色 ········· 50
12.1 设置绘制颜色 ······ 50
12.2 字符串的更多
用法 ·············· 52
12.3 小结 ·············· 53

**第 13 章　输入颜色首
字母 ·········· 54**
13.1 if 语句与比较
运算符 ·········· 54
13.2 利用首字母设定
颜色 ·············· 56
13.3 小结 ·············· 57

第 14 章　首字母大小写 ··· 58
14.1 处理字母大小写的

问题 ·············· 58
14.2 布尔类型与逻辑
运算符 ·········· 59
14.3 利用逻辑运算符简化
代码 ·············· 62
14.4 小结 ·············· 62

第 15 章　红绿正方形 ······ 63
15.1 else 语句 ·········· 63
15.2 红绿交替显示的
图形 ·············· 64
15.3 小结 ·············· 65

第 16 章　三色螺旋线 ······ 66
16.1 elif 语句 ·········· 66
16.2 绘制三色螺旋线 ··· 68
16.3 小结 ·············· 70

第 17 章　四色正方形 ······ 71
17.1 列表 ············· 71
17.2 绘制四色正方形 ··· 73
17.3 小结 ·············· 74

第 18 章　四色螺旋线 ······ 75
18.1 列表的索引 ······ 75
18.2 绘制四色螺旋线 ··· 77
18.3 小结 ·············· 78

**第 19 章　自定义颜色的
螺旋线 ·········· 79**
19.1 列表的更多用法 ······ 79
19.2 输入螺旋线的

颜色 ·········· 81
19.3 小结 ·········· 82

第 20 章　扇子与锯齿 ······ 83
20.1 后退与左转 ········· 83
20.2 绘制扇子图形 ······· 84
20.3 绘制锯齿图形 ······· 88
20.4 小结 ··········· 89

第 21 章　复合螺旋线 ······ 90
21.1 抬笔与落笔 ········· 90
21.2 绘制复合螺旋线 ··· 91
21.3 小结 ··········· 92

第 22 章　箭靶 ·········· 93
22.1 绘制实心圆 ········· 93
22.2 绘制箭靶图形 ······· 95
22.3 小结 ··········· 98

中级篇

第 23 章　围棋棋盘 I ······100
23.1 相对坐标系与绝对
坐标系 ·········· 100
23.2 绘制围棋棋盘 ··· 102
23.3 小结 ··········· 104

第 24 章　围棋棋盘 II ······105
24.1 函数 ··········· 105
24.2 函数封装绘制
线段 ·········· 107
24.3 小结 ··········· 109

第 25 章　国际象棋棋盘 ··· 110
25.1 颜色填充 ········· 110
25.2 绘制国际象棋
棋盘 ·········· 112
25.3 小结 ··········· 114

第 26 章　大小圆圈错觉 ··· 115
26.1 绘制空心圆 ········· 115
26.2 设置画笔粗细 ········· 118
26.3 绘制大小圆圈
错觉 ·········· 120
26.4 小结 ··········· 121

第 27 章　彩虹 ·········· 122
27.1 设置小海龟的绝对
朝向 ·········· 122
27.2 设置空心圆弧的角度
范围 ·········· 125
27.3 绘制彩虹 ········· 128
27.4 小结 ··········· 129

**第 28 章　运动的圆圈
错觉·············130**
28.1 绘制基础单元 ··· 131
28.2 绘制单元阵列 ··· 133
28.3 小结 ··········· 137

第 29 章　递归圆圈画 ······138
29.1 函数递归调用 ··· 138
29.2 绘制递归圆圈画··· 140
29.3 小结 ··········· 142

第 30 章　分形树 ············· **143**

30.1　绘制分形树 ······· 143

30.2　随机分形树 ······· 146

30.3　import 的用法······ 149

30.4　小结 ··············· 150

高级篇

第 31 章　下落的小球 ······· **152**

31.1　小球下落 ········· 152

31.2　while 循环 ······· 155

31.3　小结 ············· 158

第 32 章　反弹球 ············ **159**

32.1　变量的作用域 ··· 159

32.2　动态图形程序

　　　框架 ··········· 161

32.3　反弹的小球 ····· 162

32.4　小结 ············· 165

第 33 章　多球反弹 ········ **166**

33.1　基于列表的多个小球

　　　反弹 ··········· 166

33.2　面向对象版本的

　　　反弹球 ········· 169

33.3　单击鼠标添加

　　　小球 ··········· 174

33.4　小结 ············· 176

第 34 章　见缝插针 ········· **177**

34.1　旋转的针 ········ 177

34.2　针的发射 ········ 180

34.3　结束判定与得分

　　　显示 ··········· 182

34.4　小结 ············· 186

第 35 章　飞翔的小鸟 ······· **187**

35.1　小鸟类 ········· 188

35.2　水管类 ········· 190

35.3　碰撞检测与得分

　　　显示 ··········· 192

35.4　游戏完善与改进··· 194

35.5　小结 ··········· 199

附录 A　语法知识补充 ···**200**

A.1　复合运算符 ········ 200

A.2　区间判断 ·········· 201

A.3　元组 ············· 202

A.4　字典 ············· 203

A.5　循环跳转语句 ···· 204

A.6　常见错误与调试 ··· 205

附录 B　语法知识索引 ···**209**

初级篇

　　什么是Python？什么是海龟绘图？作为初学者的你对此肯定一头雾水吧。不过不用担心，本书会带着你从零开始，一边学习Python基础语法，一边绘制各种各样的图形。现炒现卖、现学现用，保证你不会觉得枯燥无聊。

　　初级篇共22章，主要介绍Python基础语法知识，包括常量与变量的概念、算术运算符、逻辑运算符、if选择语句、for循环语句、列表等内容。你将用到turtle库的基础绘制功能，包括forward（前进）、backward（后退）、right（向右转）、left（向左转）、penup（抬笔）、pendown（落笔）、color（设置颜色）等。

第 1 章　世界你好

1.1　什么是 Python

Python是一种计算机编程语言。使用Python编写相关的程序，可以给计算机下达一系列指令，完成人们特定的要求。

和其他编程语言相比，Python语法简单、上手容易。另外，Python的功能也非常强大，可以广泛应用于人工智能、数据分析、游戏开发、数字化艺术等领域。

1.2　Python 在线开发环境

要让计算机读懂Python程序，需用使用专门的开发环境。你可以在搜索引擎中查找"海龟编辑器"来进入在线开发环境的网站，如图1-1所示。

图 1-1

选择"文件"→"模板作品",可以看到很多 Python 作品,如图 1-2 所示。

图 1-2

选择"分形樱花树",单击"运行"按钮,程序就会自动绘制出一棵美丽的樱花树,如图 1-3 所示。

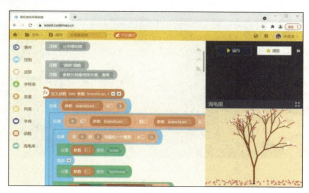

图 1-3

　　默认情况下，海龟编辑器使用积木模式，单击"代码模式"，可以切换为文本代码的形式，如图1-4所示。

图 1-4

　　现在看图1-4中的代码，你会不会感觉像在看天书？不要着急，跟着我们的讲解，你会逐渐掌握相应的知识，并最终能运用所学知识绘制出属于你自己的分形树。

1.3　Python 离线开发环境

　　我们还可以使用离线的代码编辑器，不用上网就能创建、编写、运行和修改Python程序。单击图1-4网页左上角的"小房子"图标，你就可以在图1-5所示的界面中下载对应的客户端安装软件。

图 1-5

　　双击所下载的文件，你会看到正在安装的窗口出现在界面中，请耐心等待安装完成。完成后在桌面双击"海龟编辑器"图标，打开默认为"积木模式"的界面，如图1-6所示。

图 1-6

单击右上角的"代码模式"进行切换，得到图1-7所示的界面。

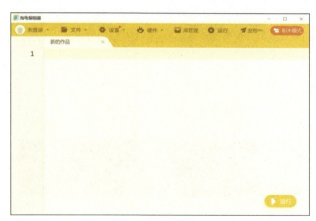

图 1-7

在代码编辑区中输入如下代码：

1-3.py

```
1    print('世界你好')
```

英文单词print的意思是"打印"，这里表示输出；两个单引号之间包含一段文字，称为字符串。print()函数可以输出括号内字符串的内容。单击右下角的"运行"按钮，可以在下方控制台中看到程序输出结果，如图1-8所示。

图 1-8

提示　Python 语句中的标点符号，比如括号、单引号都需要是英文标点符号。如果输入的是中文标点符号，对应的代码段会变成红色（见图 1-9），控制台下面的提示语句会出现错误提示。

图 1-9

选择"文件"→"另存为"，就可以将代码文件保存为 1-3.py。文件扩展名 py 为 Python 的缩写，表示当前文件为 Python 代码文件。直接双击打开 .py 文件，系统会自动调用代码编辑器打开代码。

你也可以登录 Python 官网下载安装官方集成开发环境，如图 1-10 所示，在其 Python 编辑器中也可以运行书中的代码。

你还可以试用一下 Mu 这款对初学者较友好的 Python 集成开发环境。搜索 "Code with Mu: A Simple Python Editor"，找到 Mu 的下载网页，如图 1-11 所示。

在 Mu 中，代码编辑和运行效果如图 1-12 所示。

图 1-10

图 1-11

图 1-12

【练习1-1】尝试修改代码，使运行后的程序输出如下结果：

我爱Python编程

1.4 小结

本章主要介绍Python编程语言的基本概念，以及在线和离线代码编辑器的使用方法。利用print()，我们可以输出字符串的内容。你也可以尝试运行代码编辑器的其他模板作品，初步体会Python的神奇。

第 2 章　绘制线段

2.1　显示海龟

打开代码编辑器，输入并运行以下 3 行代码：

2-1.py

```
1    from turtle import *
2    shape('turtle')
3    done()
```

弹出的程序窗口中间显示出一个海龟的形状，如图 2-1 所示。

其中 turtle 是海龟的英文单词，from turtle import * 表示导入 turtle 库的所有功能，其后代码就可以在窗口中绘制图形了。

shape 意为"形状"，shape('turtle') 设定画笔形状为海龟，程序运行后画面中心出现了一只头朝右的小海龟。注意圆括号、单引号都必须是英文标点符号，'turtle' 为字符串。

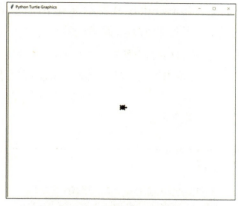

图 2-1

done() 表示绘图结束，此时就可以观察绘制的最终效果了。

2.2　海龟前进

在 2-1.py 基础上添加一行代码，就像下面这样：

2-2-1.py

```
1   from turtle import *
2   shape('turtle')
3   forward(100)
4   done()
```

运行后会发现，小海龟从画面正中间向右运动了一段距离，并留下了一条直线段，如图 2-2 所示。

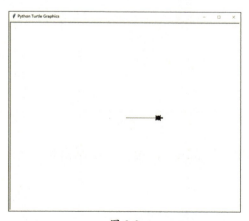

图 2-2

9

forward意为"前进"。forward(100)表示海龟沿着当前的爬行方向前进100个像素。运动后，留下了长度为100像素的直线段。

'turtle'、100这种在程序中值固定的量，也称为常量。print()函数除了可以输出字符串常量，也可以输出整数常量。输入并运行以下代码：

2-2-2.py

```
1  print('Python可以处理字符串和整数')
2  print(12345)
```

运行后在控制台输出：

```
Python可以处理字符串和整数
12345
```

为了绘制长度为200像素的线段，我们可以执行两次forward(100)语句：

2-2-3.py

```
1  from turtle import *
2  shape('turtle')
3  forward(100)
4  forward(100)
5  done()
```

运行上述代码，效果如图2-3所示。

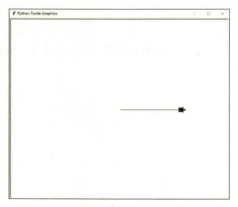

图 2-3

【练习2-1】利用一个forward()语句，绘制出长度为300像素的线段，效果如图2-4所示。

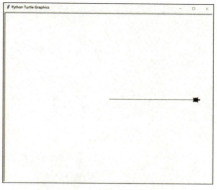

图 2-4

2.3　小结

　　本章主要介绍了导入turtle库、让海龟前进的语句。利用Python中的整数常量，你就可以绘制出特定长度的线段。

第 3 章　正方形 I

3.1　向右旋转

除了让小海龟前进，我们也可以让它旋转。输入并运行以下代码：

3-1-1.py

```
1  from turtle import *
2  shape('turtle')
3  right(90)
4  done()
```

right意为"右"。right(90)表示向右旋转90度。程序运行最初，海龟头朝向屏幕右方，然后原地向右旋转90度，最终头朝向屏幕下方，如图3-1所示。

shape('turtle')　　　　　right(90)

图 3-1

你也可以修改旋转角度为0 ~ 360的任意整数，看看旋转后的小海龟图形。这里，我们先将海龟右转90度，再前进，即可绘制出一条向下的线段，如图3-2所示：

3-1-2.py

```
1   from turtle import *
2   shape('turtle')
3   right(90)
4   forward(100)
5   done()
```

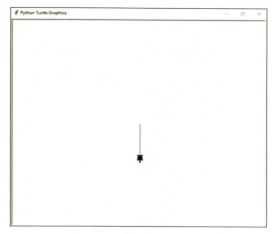

图 3-2

【练习3-1】尝试编写代码，绘制出图3-3所示的线段。

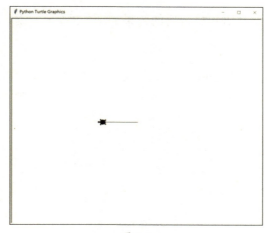

图 3-3

3.2　绘制折线

利用 forward() 和 right() 语句，可以绘制出图 3-4 所示的折线。

3-2.py

```
1  from turtle import *
2  shape('turtle')
3  forward(100)
4  right(90)
5  forward(100)
6  right(90)
7  done()
```

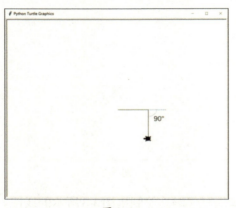

图 3-4

3-2.py 中各行绘制语句执行后的效果如图 3-5 所示，读者也可以参考进行分析。

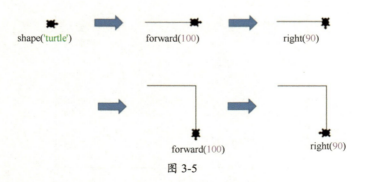

图 3-5

【练习 3-2】尝试编写代码，绘制出外角为 120 度的折线，如图 3-6 所示。

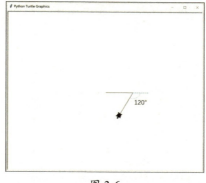

图 3-6

3.3 绘制正方形

进一步，添加两组 forward() 和 right() 语句，即可绘制出如图 3-7 所示的正方形：

3-3.py

```
1   from turtle import *
2   shape('turtle')
3   forward(100)
4   right(90)
5   forward(100)
6   right(90)
7   forward(100)
8   right(90)
9   forward(100)
10  right(90)
11  done()
```

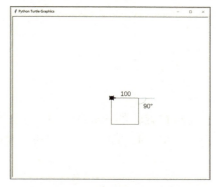

图 3-7

小海龟前进100像素、右转90度，如此执行4次后，恰好回到了起始点，绘制出了一个边长为 100 的正方形。完整的绘制过程如图 3-8 所示。

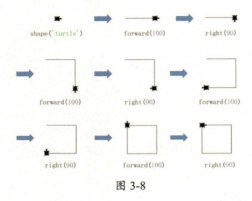

图 3-8

【练习 3-3】尝试编写代码，绘制出宽 100 像素、高 50 像素的长方形，如图 3-9 所示。

【练习 3-4】尝试编写代码，绘制出边长为 100 像素的等边三角形（外角为 120 度），如图 3-10 所示。

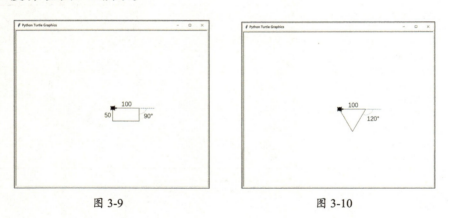

图 3-9　　　　　　　　　　　　　　图 3-10

3.4　小结

本章主要介绍让海龟向右旋转的 right() 语句。通过组合使用 forward() 和 right()，你就可以绘制出正方形、长方形、三角形等多种形状。

4.1 修改正方形的边长

在本节中，我们先修改 3-3.py，绘制一个边长为 200 的正方形，代码如下：

4-1.py

```
1   from turtle import *
2   shape('turtle')
3   forward(200)
4   right(90)
5   forward(200)
6   right(90)
7   forward(200)
8   right(90)
9   forward(200)
10  right(90)
11  done()
```

运行上述代码，效果如图 4-1 所示。

要在 4-1.py 中修改正方形的边长，则需要修改 4 个数字，能否有更简单的方法？下面我们学习变量的概念，利用变量来存储、修改正方形的边长。

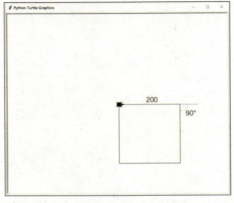

图 4-1

4.2　变量的概念

输入并运行以下代码：

4-2-1.py

```
1   x = 100
2   print(x)
```

在控制台输出：

100

在 Python 中，变量可以理解为一个保存数据的盒子。代码中的 x 就是一个变量，记录了整数 100 的数据。print(x) 可以将变量存储的内容输出出来。

除了数字，变量也可以存储字符串的信息：

4-2-2.py

```
1   s = 'Turtle海龟'
2   print(s)
```

运行上述代码，输出如下：

Turtle海龟

变量的值可以修改，不同变量之间也可以相互赋值：

4-2-3.py

```
1   x = 50
2   print(x)
3   x = 100
```

```
4    print(x)
5    y = 200
6    x = y
7    print(x)
```

运行上述代码，输出如下：

其中 x = y 表示将变量 y 的值赋给变量 x。也就是说，程序运行到这一行后，变量 x 的值就变成了 200。

提示 变量的名字可以由字母、下划线、数字组成，且开头不能是数字。另外，变量区分大写字母和小写字母，也就是说，对于同一个单词，大小写不同表示不同的变量。

【练习 4-1】写出以下代码的运行结果。

ex-4-1.py

```
1    a = 50
2    A = 100
3    print(a)
```

4.3　应用变量设定正方形的边长

在本节中，我们利用变量 length 记录正方形的边长。修改 3-3.py，得到如下代码。将 length 的值设为 100，运行 4 次 forward(length)，即绘制了正方形的 4 条边。

4-3.py

```
1    from turtle import *
2    shape('turtle')
3    length = 100
4    forward(length)
5    right(90)
6    forward(length)
7    right(90)
8    forward(length)
9    right(90)
10   forward(length)
11   right(90)
12   done()
```

只需将第 3 行代码修改为：length = 200，即可同时修改正方形 4 条边的长度，效果如图 4-2 所示。

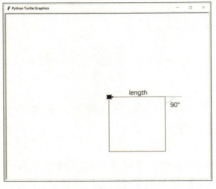

图 4-2

【练习4-2】用变量 width 存储长方形的宽度，变量 height 存储长方形的高度，绘制宽 250 像素、高 100 像素的长方形，如图 4-3 所示。

【练习4-3】用变量 length 存储边长，绘制边长为 200 像素的等边三角形，如图 4-4 所示。

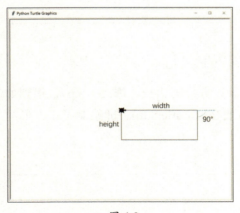

图 4-3

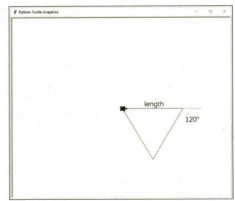

图 4-4

4.4　小结

本章主要介绍变量的概念。通过变量，你可以很方便地保存、修改相应的数据。注意：尽量不要在代码中直接使用整数常量，而要使用有意义的变量名，这样才能使得代码更加清晰、易懂。

5.1 for 循环语句

若要输出 5 次字符串 'turtle'，可以编写如下代码：

5-1-1.py

```
1   print('turtle')
2   print('turtle')
3   print('turtle')
4   print('turtle')
5   print('turtle')
```

运行上述代码，输出如下：

```
turtle
turtle
turtle
turtle
turtle
```

要输出 20 次字符串 'turtle'，则可以修改代码为：

5-1-2.py

```
1   print('turtle')
2   print('turtle')
```

```
3    print('turtle')
4    print('turtle')
5    print('turtle')
6    print('turtle')
7    print('turtle')
8    print('turtle')
9    print('turtle')
10   print('turtle')
11   print('turtle')
12   print('turtle')
13   print('turtle')
14   print('turtle')
15   print('turtle')
16   print('turtle')
17   print('turtle')
18   print('turtle')
19   print('turtle')
20   print('turtle')
```

如果要输出 100 次字符串 'turtle'，难道要写 100 条 print() 语句？太麻烦了！利用 Python 的 for 循环语句，两行代码就可以输出 100 次字符串 'turtle'：

5-1-3.py

```
1    for i in range(100):
2        print('turtle')
```

上述代码中的语句叫作 for 循环语句，for 和 in 是关键词，i 是一个变量，range 意为"范围"。for i in range(100): 表示让冒号后的语句重复执行 100 次。

提示　冒号后循环执行的语句要相比 for 语句本身向右缩进一个单位。可以按 4 次空格键，也可以按一次 Tab 键来实现。

【练习 5-1】尝试利用 for 循环语句，在控制台输出以下信息：

```
Python
Python
Python
Python
Python
turtle
turtle
turtle
turtle
turtle
```

【练习 5-2】尝试利用 for 循环语句，在控制台输出以下信息。注意：如果 for 语句中有多条语句，那么这些语句的缩进都要对齐。

```
Python
turtle
Python
turtle
Python
turtle
Python
turtle
Python
turtle
```

5.2　利用 for 循环语句绘制正方形

接下来，我们分析3-3.py中绘制正方形的代码，重复执行4次 forward(100)和right(90)，就可以绘制出一个正方形。利用for循环语句，修改代码如下：

5-2.py

```
1   from turtle import *
2   shape('turtle')
3   for i in range(4):
4       forward(100)
5       right(90)
6   done()
```

如图5-1所示，绘制效果和3-3.py一致，而且代码更加简洁。

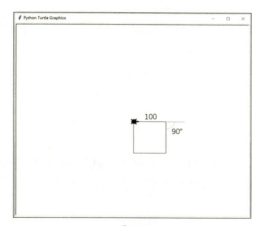

图 5-1

【练习5-3】利用for循环语句，绘制出图5-2所示的边长为100像素的等边三角形（外角为120度）。

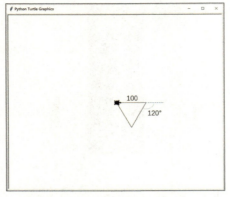

图 5-2

【练习5-4】利用for循环语句，绘制出图5-3所示的宽为100像素、高为50像素的长方形。

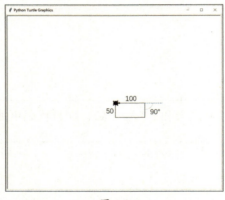

图 5-3

5.3　小结

　　本章介绍了for循环语句的简单用法。利用for循环语句，我们就可以轻松让计算机处理需要大量重复的事务，提升工作效率。

第6章　正方形螺旋线

6.1　for 循环与 range()

在本节中，我们将介绍for循环语句的更多用法。首先输入并运行以下代码：

6-1-1.py

```
1    for i in range(5):
2        print(i)
```

输出如下：

```
0
1
2
3
4
```

在上述代码中，range(5)表示从0开始、小于5的整数，也就是0、1、2、3、4这几个数字。for i in range(5):表示变量i依次取range(5)范围内的5个数字，并循环执行5次冒号后的print(i)语句，依次输出了0、1、2、3、4。

【练习 6-1】尝试修改 6-1-1.py，运行后输出如下结果：

```
0
1
2
3
4
5
6
7
8
```

在 range() 的括号中也可以设定两端整数的取值范围，比如：

6-1-2.py

```
1  for i in range(2,6):
2      print(i)
```

变量 i 取值为从 2 开始，且小于 6 的整数，因此输出结果为：

```
2
3
4
5
```

【练习 6-2】尝试修改 6-1-2.py，使得运行后输出如下结果：

```
5
6
7
8
9
10
```

在 range() 的括号中还可以设置步长，比如：

6-1-3.py

```
1  for i in range(4,11,2):
2      print(i)
```

i 从 4 开始，每次增加 2，且小于 11，即输出：

```
4
6
8
10
```

【练习6-3】尝试修改 6-1-3.py，运行后输出如下结果：

```
1
3
5
7
9
```

6.2　绘制正方形螺旋线

输入并运行以下代码，即可在窗口中绘制图6-1所示的正方形螺旋线：

6-2-1.py

```
1    from turtle import *
2    shape('turtle')
3    for i in range(100):
4        forward(i)
5        right(90)
6    done()
```

螺旋线从内而外各边边长递增。为了便于说明，将螺旋线中心放大，如图6-2所示，图中的数字代表了各边边长的比值。

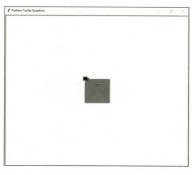

图 6-1

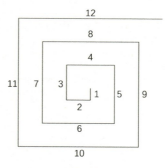

图 6-2

小海龟从画面中心出发，前进的距离i逐渐增加，每次前进后向右旋转90度。如此循环运行，就能得到图6-1所示的正方形螺旋线。

利用range()设定循环的起始、终止范围，可以绘制出图6-3所示的中空螺旋线：

6-2-2.py

```
1   from turtle import *
2   shape('turtle')
3   for i in range(100,130):
4       forward(i)
5       right(90)
6   done()
```

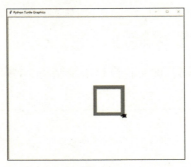

图 6-3

利用range()设置步长，可以加大螺旋线间的间隔，避免螺旋线过于稠密，得到如图6-4所示的效果：

6-2-3.py

```
1   from turtle import *
2   shape('turtle')
3   for i in range(5,200,5):
4       forward(i)
5       right(90)
6   done()
```

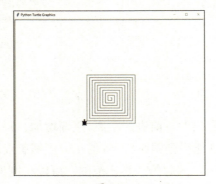

图 6-4

【练习6-4】尝试编写代码，绘制图6-5所示的三角形螺旋线。

图 6-5

6.3 小结

本章介绍了更多 for 循环和 range() 的用法。通过设定不同的参数，你就可以绘制出漂亮的正方形螺旋线。

第7章　旋转的正方形螺旋线

7.1　设置不同的旋转角度

6-2-1.py中右转角度为90度，可以得到图6-1所示的整齐规范的正方形螺旋线。如果将旋转角度设为91度，就可以得到类似旋转楼梯的螺旋线，如图7-1所示。

7-1-1.py

```
1    from turtle import *
2    shape('turtle')
3    for i in range(100):
4        forward(i)
5        right(91)
6    done()
```

图 7-1

类似地，设定旋转角度为89度，调整 for 循环语句的参数，可以得到图 7-2 所示的效果。

7-1-2.py

```
1  from turtle import *
2  shape('turtle')
3  for i in range(100,300,2):
4      forward(i)
5      right(89)
6  done()
```

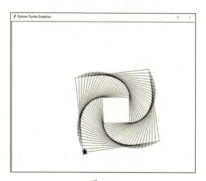

图 7-2

7-1-3.py 设定了另一组参数，绘制出了图7-3中的效果。

7-1-3.py

```
1  from turtle import *
2  shape('turtle')
3  for i in range(150,300):
4      forward(i)
5      right(93)
6  done()
```

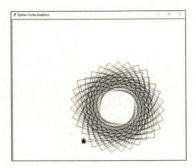

图 7-3

你也可以尝试设定其他参数，得到更加酷炫的螺旋曲线。

【练习 7-1】尝试修改 ex-6-4.py（练习 6-4 的代码文件）中绘制三角形螺旋线的代码，来得到图 7-4 所示的效果。

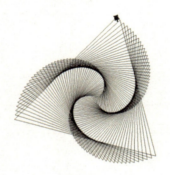

图 7-4

7.2　小数

Python 除了可以处理整数，也可以处理小数（也称为浮点数）。输入并运行以下代码：

7-2-1.py

```
1   print(3.14)
2   x = 90.5
3   print(x)
```

在控制台输出：

right()中的旋转角度也可以设定为小数，7-2-2.py的绘制效果如图7-5所示。

7-2-2.py

```
1  from turtle import *
2  shape('turtle')
3  for i in range(1,300,3):
4      forward(i)
5      right(90.3)
6  done()
```

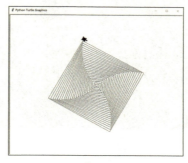

图 7-5

【练习7-2】设定旋转角度为45、60、72附近的小数，看看绘制效果如何。

7.3 小结

调整旋转角度，即可以绘制出各种美丽的旋转螺旋线。通过进一步学习小数的用法，你可以进行更加精细的角度设定。

第 8 章 正多边形的角度

8.1 数学运算

在 Python 程序中也可以进行加、减、乘、除运算，在代码中分别用 +、−、*、/ 这 4 个符号来表示：

8-1-1.py

```
1   print(1+2)
2   print(4-3)
3   print(2*5)
4   print(7/2)
```

运行上述代码，输出结果如下：

```
3
1
10
3.5
```

其中 / 为小数除法运算符，结果为小数。除此之外，Python 还支持整除（//）、取余（%）运算：

8-1-2.py

```
1  print(7//2)
2  print(7%2)
```

运行上述代码，输出结果如下：

注意："7/2"中的一个斜杠"/"为小数除法运算符，7/2的结果就是小数3.5。"7//2"中的两个斜杠"//"为整除运算符，结果取3.5的整数部分，也就是对商取整，故计算结果为3。"7%2"中的百分号"%"为取余运算符，7%2即取两数相除的余数，因此计算结果为1。

另外，变量和数字之间也可以进行数学运算。用变量width存储长方形的宽，用变量height存储长方形的高，则可以计算长方形的面积area和周长perimeter，代码如下：

8-1-3.py

```
1  width = 100
2  height = 60
3  area = width*height
4  perimeter = 2*(width+height)
5  print('长方形面积为：', area)
6  print('长方形周长为：', perimeter)
```

其中print()语句可以输出逗号分隔的多个数据，输出结果以空格分隔。运行上述代码，输出结果如下：

```
长方形面积为：  6000
长方形周长为：  320
```

【练习8-1】尝试分别用Python和手动计算下面4道计算题，看看哪种方法算得更快更准。

$4893 + 2568 =$

$8250 - 1237 =$

$532 \times 932 =$

$114165 \div 215 =$

8.2 计算正多边形的角度

假设正多边形的边数为n，则其内角和为$180 \times (n-2)$度，内角角度为

$180 \times (n-2) \div n$ 度，外角角度为 $360 \div n$ 度。表 8-1 列出了正三角形到正六边形的相应参数。

表 8-1

正多边形				
边数	3	4	5	6
内角和（度）	180*(3-2)	$180 \times (4-2)$	$180 \times (5-2)$	$180 \times (6-2)$
内角（度）	180*(3-2)/3	$180 \times (4-2) \div 4$	$180 \times (5-2) \div 5$	$180 \times (6-2) \div 6$
外角（度）	$360 \div 3$	$360 \div 4$	$360 \div 5$	$360 \div 6$

对于正 n 多边形，需要循环绘制 n 条边。首先前进边长的长度，然后旋转 $360 \div n$ 度，效果如图 8-1 所示。

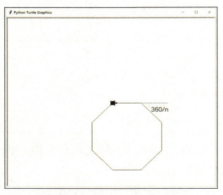

图 8-1

利用正多边形外角度数计算公式，以下代码可以绘制出图 8-1 中的正八边形：

8-2.py

```
1  from turtle import *
2  shape('turtle')
3  n = 8
4  angle = 360/n
5  for i in range(n):
6      forward(100)
7      right(angle)
8  done()
```

【练习 8-2】随着边数持续增加，正多边形的形状会逐渐逼近一个圆。编写代码，尝试绘制图 8-2 所示接近圆形的正多边形。

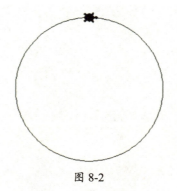

图 8-2

【练习8-3】假设圆的半径为5，编程计算圆的周长和面积。

【练习8-4】利用for循环语句和数学运算，编程输出如下数列：

```
4
7
10
13
16
19
22
25
```

【练习8-5】利用for循环语句，编程求出前100个正整数的和。

8.3 小结

  本章介绍了加（+）、减（−）、乘（*）、除（/）、整除（//）和取余（%）这6种数学运算符，以及利用数学运算自动求正多边形的外角度数，绘制给定边数的正多边形的方法。

第 9 章　任意正多边形

9.1　input() 键盘输入

Python 提供了 input() 语句，让用户可以利用键盘输入字符串：

9-1-1.py

```
1    s = input()
2    print('输入的字符串是：',s)
```

运行代码后，单击控制台并输入"hellow world"并按 Enter 键。字符串会存储在变量 s 中，print() 语句再将字符串的内容输出：

```
hello world
输入的字符串是： hello world
```

input() 括号内还可以加上字符串，作为输入时的提示信息：

9-1-2.py

```
1    name = input('请输入你的姓名：')
2    print(name,'你好，欢迎阅读本书。')
```

程序运行后，会首先在控制台输出提示信息：

请输入你的姓名：

输入姓名按Enter键后，姓名字符串存储在变量name中，print()再将字符串的内容输出，程序示例的输入和输出如下：

请输入你的姓名：张三
张三 你好，欢迎阅读本书。

9.2　输入正多边形的边数

利用input()语句，就可以让用户输入正多边形的边数，自动计算出正多边形的外角角度：

9-2-1.py

```
1  n = input('请输入正多边形的边数：')
2  angle = 360/n
3  print('正多边形外角度数：',angle)
```

然而代码运行后，输入6并按Enter键，程序提示错误，如图9-1所示。

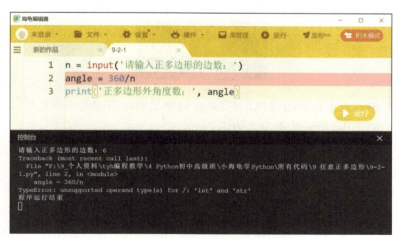

图 9-1

这是因为input()语句输入的数据是字符串，变量n中存储的实际上是字符串'6'。第2行代码要处理360/'6'，而除法只能在数字之间运算，所以程序报错。

要解决上述问题，你可以使用int()语句，将字符串转换为整数：

9-2-2.py

```
1    n = input('请输入正多边形的边数：')
2    m = int(n)
3    angle = 360/m
4    print('正多边形外角角度：',angle)
```

添加的第 2 行代码 m = int(n) 可以把字符串 n 转换为整数变量 m。对于输入的 6，可以正确计算并输出外角的角度：

```
请输入正多边形的边数：6
正多边形外角角度：  60.0
```

也可以进一步简化 9-2-2.py，在一行语句里实现键盘输入和转换为整数：

9-2-3.py

```
1    n = int(input('请输入正多边形的边数：'))
2    angle = 360/n
3    print('正多边形外角角度：',angle)
```

【练习 9-1】用户输入两个整数，程序求出两个整数的商、余数。程序示例的输入和输出如下：

```
请输入整数1：10000
请输入整数2：123
两数相除商是：  81
余数是：  37
```

用户输入正多边形的边数，9-2-4.py 自动绘制出对应的正多边形。比如输入 12，绘制图 9-2 所示的正十二边形。

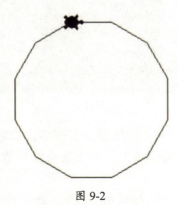

图 9-2

9-2-4.py

```
1   from turtle import *
2   shape('turtle')
3   n = int(input('请输入正多边形的边数：'))
4   angle = 360/n
5   for i in range(n):
6       forward(600/n)
7       right(angle)
8   done()
```

当正多边形边数较多时，绘制图形可能会超出窗口范围。在代码中设定forward(600/n)，随着正多边形的边数增加，正多边形的边长会变短，可以一定程度上解决上述问题。

【练习9-2】尝试编写代码，实现如下功能：

从键盘输入5个整数，求出这5个整数的和。

程序示例的输入和输出如下：

```
请输入整数：3
请输入整数：5
请输入整数：7
请输入整数：9
请输入整数：10
5个整数的和为：34
```

9.3 小结

本章主要介绍输入语句input()和将字符串转换为整数的语句int()。利用这两条语句，Python可以根据用户从键盘输入的边数，自动绘制出相应的正多边形。

10.1 类型转换函数

我们在前面章节介绍的print()、input()、range()、int()、forward()、right()等语句，也称为函数。调用Python中的函数，就可以执行相应的功能，比如 n = int('123')可以把字符串 '123' 转换为整数 123。

Python中有int()、float()和str()这3种类型转换函数，分别可以把数据转换为整数、小数、字符串。输入和运行以下代码：

10-1-1.py

```
1   print(int(2.5))
2   print(int('31'))
3   print(float(3))
4   print(float('1.2'))
5   print(str(1))
6   print(str(3.14))
```

控制台的输出如下：

```
2
31
3.0
1.2
1
3.14
```

其中int()不仅可以把字符串转换为整数，也可以把小数转换为整数，即取小数的整数部分。float()函数可以把整数和字符串转换成小数，str()函数可以把整数和小数转换为字符串。

以下代码可以实现如下功能：输入两个浮点数的值，输出它们的和、差、积、商。

10-1-2.py

```
1    f1 = float(input('请输入小数1：'))
2    f2 = float(input('请输入小数2：'))
3    print('两数和是：', f1+f2)
4    print('两数差是：', f1-f2)
5    print('两数积是：', f1*f2)
6    print('两数商是：', f1/f2)
```

程序示例的输入和输出如下：

```
请输入小数1：1.2
请输入小数2：3.5
两数和是： 4.7
两数差是： -2.3
两数积是： 4.2
两数商是： 0.34285714285714286
```

【练习10-1】输入三角形的高和对应的底边长，计算三角形的面积。程序示例的输入和输出如下：

```
请输入三角形的高：10
请输入三角形的底边长：13.5
三角形的面积是： 67.5
```

【练习10-2】输入3个小数，计算出它们的和、平均数。程序示例的输入和输出如下：

```
请输入数字1：1.5
请输入数字2：10.8
请输入数字3：4.2
三个数的和是： 16.5
三个数的平均数是： 5.5
```

10.2　键盘输入螺旋线的参数

在第7章绘制螺旋线代码的基础上进行修改。修改后的代码如下：

10-2.py

```
from turtle import *
shape('turtle')
n = int(input('请输入正多边形的边数：'))
offset = float(input('请输入偏移的角度值：'))
angle = 360/n + offset
for i in range(200):
    forward(i)
    right(angle)
done()
```

对于边数为n的正多边形，其外角角度为360/n。绘制螺旋线时，将旋转角度设为360/n + offset，每次多旋转offset角度，可以形成类似旋转楼梯的螺旋线。

程序运行后，用户可以输入正多边形的边数n，偏移正多边形外角的角度offset，以绘制形式多样的螺旋线，如表10-1所示：

表 10-1

边数	3	4	5
偏移角度	2.2	0.8	1.5
绘制效果	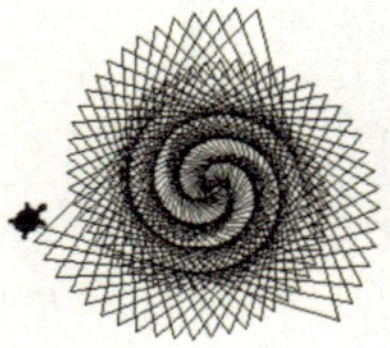	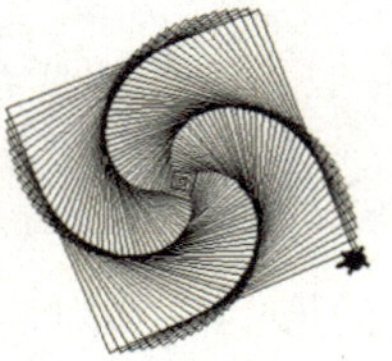	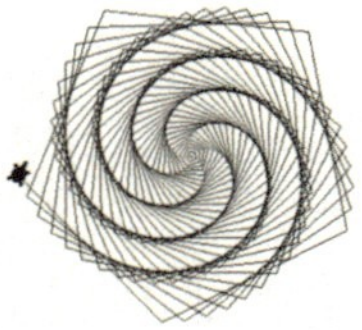
边数	5	6	10
偏移角度	0.5	0	0.2
绘制效果	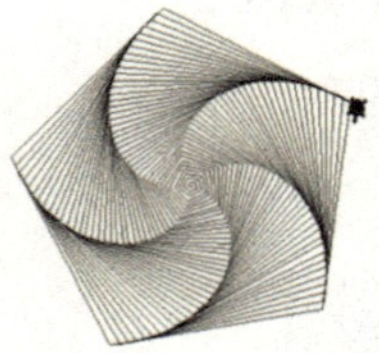	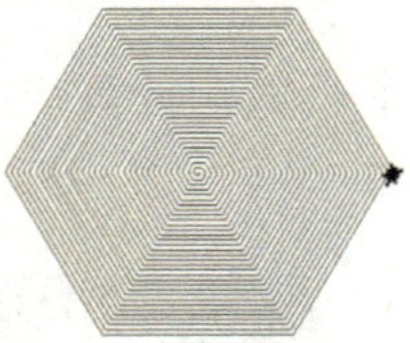	

如果绘制时间过长，可以使用speed()函数设置小海龟移动的速度。speed(1)

对应的绘制速度最慢，参数从1逐渐增加到10，绘制速度会逐渐变快。但比较特殊的是，speed(0)对应的绘制速度最快。

我们还可以使用hideturtle()函数，隐藏海龟图形，从而仅显示绘制的曲线。

【练习10-3】使用speed()和hideturtle()函数，快速绘制出图10-1所示的螺旋曲线。

图 10-1

10.3　小结

本章主要介绍int()、float()和str()这3个类型转换函数，使用户可以输入参数自行设定螺旋线的形状。你可以利用speed()调整绘制的速度，用hideturtle()隐藏海龟图形。调整不同的参数，你会得到更多样式的螺旋线。

第 11 章　旋转的正方形

11.1　循环的嵌套

循环语句中也可以包含另一个循环语句，这称为循环的嵌套。让我们输入并运行以下代码：

11-1.py

```
1    for i in range(1,3):
2        for j in range(1,4):
3            print(i, j)
```

其中，i的取值为1、2，j的取值为1、2、3。print(i,j)在一行同时输出i、j变量的值，中间以空格分隔。输出结果为：

上述代码中有双重for循环语句，首先对于外层循环，i初始等于1，内层循环j的取值范围从1到3，因此首先输出3行：

当内层循环 j 遍历结束后，回到外层 i 循环。i 取值变为 2，j 取值范围从 1 到 3，继续输出：

内层循环 j 遍历结束后，回到外层 i 循环，i 也遍历结束，这时整个循环语句运行结束。

提示　当出现循环嵌套时，内层循环需要在上一层循环语句基础上向右缩进一级。

【练习 11-1】尝试修改 11-1.py，实现 3 层循环的嵌套，输出如下效果：

11.2　绘制旋转的正方形

代码 5-2.py 中利用一层 for 循环可以绘制一个正方形。再加上一层执行 6 次的 for 循环，每绘制一个正方形后控制海龟右转 60 度，即可绘制出 6 个旋转的正方形，如图 11-1 所示：

11-2-1.py

```
1  from turtle import *
2  shape('turtle')
3  for j in range(6):
4      for i in range(4):
5          forward(100)
6          right(90)
7      right(60)
8  done()
```

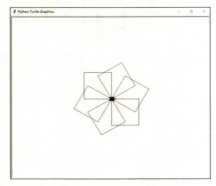

图 11-1

　　如果代码比较复杂，那么你可以加一些注释，用于解释代码的功能、变量的含义和函数的作用。注释是说明性的文字，不参与程序运行，格式为"# 注释文字"。11-2-2.py 在 11-2-1.py 基础上添加了注释：

11-2-2.py

```
1   from turtle import * # 导入turtle库
2   shape('turtle') # 显示海龟图标
3   # 外层循环，绘制6个旋转正方形
4   for j in range(6):
5       # 内层循环，绘制一个正方形
6       for i in range(4):
7           forward(100)
8           right(90)
9       right(60) # 右转60度
10  done() # 绘制结束
```

　　由于旋转一圈共 360 度，假设要绘制 n 个旋转正方形，则每绘制完一个正方形后，需要右转 360/n 度。进一步完善代码，如下所示：

11-2-3.py

```
1   from turtle import * # 导入turtle库
2   shape('turtle') # 显示海龟图标
3   speed(10) # 快速绘制
4   n = int(input('请输入旋转正方形的个数：'))
5   # 外层循环，绘制n个旋转正方形
6   for j in range(n):
7       # 内层循环，绘制一个正方形
8       for i in range(4):
9           forward(100)
10          right(90)
11      right(360/n) # 绘制一个正方形后右转
12  hideturtle() # 隐藏海龟图标
13  done() # 绘制结束
```

输入36，则绘制的图形如图11-2所示。

【练习11-2】尝试应用循环嵌套，绘制图11-3所示的风车图案（旋转长方形的宽100像素、高30像素）。

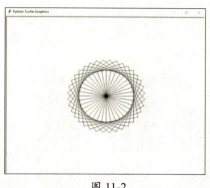

图 11-2

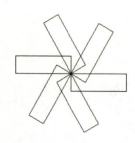

图 11-3

【练习11-3】尝试应用循环嵌套，绘制图11-4所示的图形。

【练习11-4】尝试应用循环嵌套，绘制图11-5所示的嵌套正方形。

图 11-4

图 11-5

11.3 小结

本章介绍了循环嵌套的知识，并利用循环嵌套绘制了旋转的正方形。建议在编程时养成写注释的好习惯，因为这样可以提升代码的可读性，也更易于协作开发。

12.1　设置绘制颜色

之前绘制的线条都是黑色的，是不是太单调了？turtle库还可以进行颜色的设置。输入并运行以下代码：

12-1-1.py

```
1    from turtle import *  # 导入turtle库
2    color('red') # 设置颜色为红色
3    forward(100) # 前进100
4    done() # 绘制结束
```

程序会绘制出一条红色的线段，如图12-1所示。

color()可以根据括号中的字符串设置绘制颜色，常见的颜色单词有：'white'（白色）、'black'（黑色）、'red'（红色）、'yellow'（黄色）、'green'（绿色）、'orange'（橙色）、'blue'（蓝色）、'purple'（紫色）等。

提示　shape('turtle')可以设置画笔形状为海龟，当不写这条语句时，默认画笔形状为箭头（arrow）。

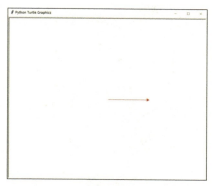

图 12-1

使用input()函数让用户输入颜色字符串，即可绘制出指定颜色的图形：

12-1-2.py

```
1    from turtle import *  # 导入turtle库
2    c = input('请输入颜色字符串：')  # 输入设定颜色
3    color(c)  # 设置绘制颜色
4    # 以下循环绘制正方形
5    for i in range(4):
6        forward(150)  # 前进
7        right(90)  # 右转
8    done()  # 绘制结束
```

输入green，则用绿色线条绘制出正方形，如图12-2所示。

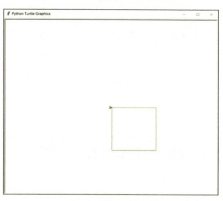

图 12-2

【练习12-1】尝试编写代码绘制图12-3所示的紫色螺旋线。

图 12-3

12.2　字符串的更多用法

在Python中，除了可以用单引号标记字符串，也可以用双引号的形式：

12-2-1.py

```
1  print('read')
2  print("book")
```

运行上述代码，输出结果如下：

```
read
book
```

注意：单引号、双引号必须都是英文标点符号，且不能像'wrong"这样混合使用。

Python中字符串也可以进行"加法"，即进行字符串的拼接：

12-2-2.py

```
1  s1 = 'hello '
2  s2 = 'world!'
3  s = s1+s2
4  print(s)
```

s＝s1+s2将字符串s1、s2的内容拼接起来，赋给变量s。运行上述代码后，输出如下：

```
hello world!
```

使用类型转换函数str()，还可以把数字内容和字符串拼接起来：

12-2-3.py

```
1  score = 100
2  s = '考试得分为：'+str(score)+'分'
3  print(s)
```

运行上述代码后，输出如下：

```
考试得分为：100分
```

进一步，我们可以编写代码，输出20以内的所有偶数：

12-2-4.py

```
1  s = '' # 字符串变量初始为空
2  # 将0到20间的所有偶数转化为字符串，拼接到s中
3  for i in range(0,21,2):
4      s = s+str(i)+' '
5  print(s) # 输出s
```

s = ''表示变量s的初始值为空字符串。for循环语句中，i依次取0、2、4直到20，s = s+str(i)+' '将i转换为字符串，和空格' '一起拼接到字符串变量s中。代码运行上述代码，输出结果如下：

```
0 2 4 6 8 10 12 14 16 18 20
```

【练习12-2】编程在控制台输出如下的字符串：

```
1到30之间的奇数有：1、3、5、7、9、11、13、15、17、19、21、23、25、27、29。
```

【练习12-3】编程在控制台输出5行10列的井号#：

12.3 小结

本章主要介绍了color()函数。该函数可以根据用户输入的字符串，设定绘制图形的颜色。另外，本章还介绍了字符串拼接的方法，可以用于生成各种形式的字符串。

第 13 章　输入颜色首字母

13.1　if 语句与比较运算符

12-1-2.py中用户需要输入完整的英文单词，才能设置对应的颜色。能否简化用户的输入，如不需要输入完整的英文单词red，只输入首字母r，即可设置绘制颜色为红色？

为了实现这一功能，我们首先学习if语句。输入以下代码：

13-1-1.py

```
1   x = 5
2   y = 3
3   if x>y:
4       print('x比y大')
```

if语句又称为条件判断语句，if x>y:表示当x的值大于y时，执行冒号后的语句print('x 比 y 大')。由于x的值为5，y的值为3，条件x>y正确，因此运行后控制台输出：

```
x比 y 大
程序运行结束
```

修改 x 和 y 的数值，代码如下：

13-1-2.py

```
1  x = 3
2  y = 5
3  if x>y:
4      print('x比y大')
```

此时，条件 x>y 不满足，不会执行冒号后的 print() 语句，运行上述代码，输出如下：

程序运行结束

Python 中有 6 种运算符可以比较两个数字的大小，如表 13-1 所示。

表 13-1　Python 运算符

表达式	含义
x > y	x 是否大于 y
x < y	x 是否小于 y
x == y	x 是否等于 y
x != y	x 是否不等于 y
x >= y	x 是否大于或等于 y
x <= y	x 是否小于或等于 y

注意 = 和 == 的区别：x=y 是赋值语句，表示把 y 的值赋给 x；if x==y: 表示如果 x 和 y 值相等，就执行冒号后的语句。

输入 x 和 y 的值，以下代码可以输出 x 与 y 的大小关系：

13-1-3.py

```
1  x = int(input('请输入x的值：'))
2  y = int(input('请输入y的值：'))
3  if x > y:
4      print('x比y大')
5  if x == y:
6      print('x与y一样大')
7  if x < y:
8      print('x比y小')
```

运行上述程序，示例输入和输出如下：

```
请输入x的值：10
请输入y的值：10
x与y一样大
```

你也可以输入不同的数值，看看程序是否都能得到正确的结果。

【练习13-1】输入两个整数，输出两个数中的最大值。程序示例的输入和输出如下：

```
请输入整数1：5
请输入整数2：8
两个数的最大值是： 8
```

【练习13-2】输入一个整数，如果是偶数，就输出"是偶数"；如果是奇数，就输出"是奇数"。程序示例的输入和输出如下：

```
请输入整数： 13
是奇数
```

13.2　利用首字母设定颜色

==除了判断两个数字是否相等，也可用于判断两个字符串是否相等。利用if语句，可以修改12-1-2.py为：

13-2.py

```
1  from turtle import *  # 导入turtle库
2  c = input('请输入颜色字符串首字母：')
3  if c=='r': # 如果输入'r'，就设置为红色
4      color('red')  # 设置绘制颜色
5  # 以下循环绘制正方形
6  for i in range(4):
7      forward(150)  # 前进
8      right(90)  # 右转
9  done()  # 绘制结束
```

用户只需要输入红色首字母r，即可以绘制出图13-1所示的红色正方形：

```
请输入颜色字符串首字母：r
```

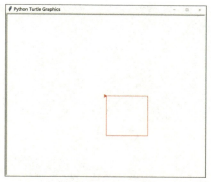

图 13-1

【练习 13-3】修改 ex-12-1.py，输入 r 绘制红色螺旋线、输入 g 绘制绿色螺旋线、输入 b 绘制蓝色螺旋线。程序示例输入如下：

请输入颜色单词首字母：b

程序示例的输出如图 13-2 所示。

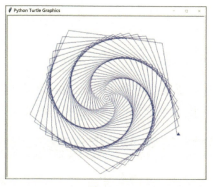

图 13-2

13.3 小结

本章主要介绍了 if 选择判断语句和 6 种比较数字大小的运算符。利用 if 语句，只需要输入颜色单词的首字母，就可以设置绘制图形的颜色。

第 14 章　首字母大小写

14.1　处理字母大小写的问题

如果用户不小心按下了键盘左侧的Caps lock（大写字母锁定键），用户可能会以为自己输入的是小写字母'r'，但实际上输入的是大写字母'R'：

请输入颜色字符串首字母：R

运行13-2.py后，输入R，if语句中条件c == 'r'不满足，不会执行color('red')，因此绘制出了默认黑色的正方形，如图14-1所示：

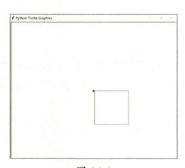

图 14-1

要保证无论用户按r或者R，程序都可以绘制出红色的正方形（见图14-2），需要把13-2.py修改成如下代码：

14-1.py

```
1   from turtle import *  # 导入turtle库
2   c = input('请输入颜色字符串首字母：')
3   if c == 'r':  # 如果输入'r'，设置为红色
4       color('red')  # 设置绘制颜色
5   if c == 'R':  # 如果输入'R'，设置为红色
6       color('red')  # 设置绘制颜色
7   # 以下循环绘制正方形
8   for i in range(4):
9       forward(150)  # 前进
10      right(90)  # 右转
11  done()  # 绘制结束
```

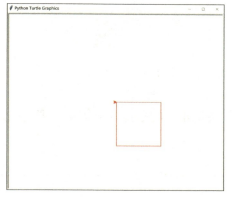

图 14-2

分析代码中的两个if语句发现，当满足c == 'r'或者满足c == 'R'时，均会执行color('red')语句。能否将两个if语句合成一个，让代码更加简洁？

14.2 布尔类型与逻辑运算符

为了解决14.1节提出的问题，我们先来介绍布尔类型的概念。布尔类型是表示真假的一种数据类型。布尔类型变量可以取两种值，True表示真，False表示假。输入并运行如下代码：

14-2-1.py

```
1   print(5 > 3)
2   print(1 > 2)
```

输出结果如下：

```
True
False
```

5 > 3 正确，因此输出 True；1> 2 错误，因此输出 False。

布尔类型数据也可以保存在变量中：

14-2-2.py

```
1  x = False
2  print(x)
3  y = (1<=2)
4  print(y)
```

运行上述代码，输出结果如下：

```
False
True
```

Python 有 3 个逻辑运算符：not（非）、and（与）、or（或），方便进行判断条件的组合。

not（非）运算符会把正确的条件变成错误，把错误的条件变成正确。输入以下代码：

14-2-3.py

```
1  print(not(5 > 3))
2  print(not(1 > 2))
```

运行上述代码，输出结果如下：

```
False
True
```

只要 or（或）运算符两边的条件有一个是正确的，组合条件就是正确的；只有 and（与）运算符两边的条件都是正确时，组合条件才是正确的。输入以下代码：

14-2-4.py

```
1  print((5 > 3) or (1 > 2))
2  print((5 > 3) and (1 > 2))
```

运行上述代码，输出结果如下：

```
True
False
```

详细的逻辑运算符计算结果如表14-1所示。

表 14-1

x	y	x and y	x or y	not x
True	True	True	True	False
True	False	False	True	False
False	True	False	True	True
False	False	False	False	True

输入3个数字，利用逻辑运算符，可以输出3个数中的最大值，代码如下：

14-2-5.py

```python
1  x = int(input('请输入整数1: '))
2  y = int(input('请输入整数2: '))
3  z = int(input('请输入整数3: '))
4  if x >= y and x>=z:
5      print('三个数的最大值是：', x)
6  if y >= x and y >= z:
7      print('三个数的最大值是：', y)
8  if z >= x and z >= y:
9      print('三个数的最大值是：', z)
```

程序示例输入和输出如下：

```
请输入整数1: 10
请输入整数2: 5
请输入整数3: 16
三个数的最大值是： 16
```

【练习14-1】编程输出1和500之间、被7整除、除以3余1、除以4余2的所有数字。正确输出结果如下：

```
70
154
238
322
406
490
```

【练习 14-2】韩信率领着总数不超过 3000 人的士兵。他想知道准确的总人数，便让士兵排队报数。按从 1 至 5 循环报数，末尾的士兵报的数为 1；按从 1 至 6 循环报数，末尾的兵报的数为 5；按从 1 至 7 循环报数，末尾的士兵报的数为 4；最后再按从 1 至 11 循环报数，末尾的士兵报的数为 10。你知道韩信有多少士兵吗？

【练习 14-3】笼子里有群鸡和兔。假设一共有 45 个头、146 只脚，请问笼中鸡、兔各有多少只？

14.3　利用逻辑运算符简化代码

利用逻辑运算符，我们可以简化 14-1.py 中处理首字母大小写问题的代码，将两个 if 语句合成为一个：

14-3.py

```
1  from turtle import *  # 导入turtle库
2  c = input('请输入颜色字符串首字母：')
3  if c == 'r' or c == 'R':  # 如果输入'r'或'R'
4      color('red')  # 设置为红色
5  # 以下循环绘制正方形
6  for i in range(4):
7      forward(150)  # 前进
8      right(90)  # 右转
9  done()  # 绘制结束
```

【练习 14-4】改进 ex-13-3.py，处理输入红色、绿色、蓝色首字母的大小写问题。

14.4　小结

本章主要介绍布尔类型与逻辑运算符的语法知识。利用组合的逻辑条件，即可解决输入字符串首字母大小写的问题。

15.1　else 语句

ex-13-2.py 判断整数 n 是偶数还是奇数，需要判断两次：

```
if n%2 == 0:
    print('是偶数')
if n%2 == 1:
    print('是奇数')
```

比如 n 取 16，则 n%2==0 成立，n 为偶数，实际上就不需要再判断 n%2 == 1 是否成立。利用 else 语句，可以改进 ex-13-2.py，只需要判断一次：

15-1.py

```
1    n = int(input('请输入整数: '))
2    if n%2 == 0:
3        print('是偶数')
4    else:
5        print('是奇数')
```

if 语句首先判断条件 n%2==0 是否成立，如果条件成立，就执行 if 后面的 print('是偶数')；如果条件不满足，则执行 else 之后的 print('是奇数')。这样，无论 n 是奇数还是偶数，均只需要判断一次，和 ex-13-2.py 相比，判断次数减少了一半。

提示　在完成同样功能的前提下，15-1.py 的运算量要比 ex-13-2.py 少，可以认为 15-1.py 的代码更好。运算量越少的代码，运行速度越快，"时间复杂度"越低。

【练习15-1】期末数学考试满分为100分，输入小明的考试成绩，用if语句和else语句判断小明是否考试及格。程序示例输入和输出如下：

```
请输入考试成绩：58
考试不及格
```

【练习15-2】小朋友们在一起玩一个报数游戏——逢7必过。大家围坐在一起，从1开始依次报数；逢7整数倍，或者数字的个位数是7，则不报数，要喊"过"。如果犯规，要给大家表演一个节目。尝试用程序输出21以内的正确报数（或喊"过"）序列。程序示例输出如下：

```
正确报数： 1 2 3 4 5 6 过 8 9 10 11 12 13 过 15 16 过 18 19 20 过
```

15.2　红绿交替显示的图形

怎样才能绘制出图15-1所示的红色、绿色线条交替出现的正方形呢？

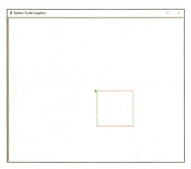

图 15-1

我们可以利用如下代码：

15-2-1.py

```
1  from turtle import *  # 导入turtle库
2  for i in range(4):  # 循环绘制4条边
3      if i % 2 == 0:  # 偶数边为红色
```

```
4          color('red')
5       if i % 2 == 1:  # 奇数边为绿色
6          color('green')
7       forward(150)  # 前进
8       right(90)  # 右转
9   done()  # 绘制结束
```

为了将偶数条边设为红色，奇数条边设为绿色，15-2-1.py一共需要进行8次取余运算。利用if和else语句的15-2-2.py只需要进行4次取余运算。代码如下：

15-2-2.py

```
1   from turtle import *  # 导入turtle库
2   for i in range(4):  # 循环绘制4条边
3       if i % 2 == 0:  # 偶数边为红色
4          color('red')
5       else:  # 奇数边为绿色
6          color('green')
7       forward(150)  # 前进
8       right(90)  # 右转
9   done()  # 绘制结束
```

【练习15-3】尝试编写代码，绘制出图15-2所示的红色、绿色交替出现的螺旋曲线。

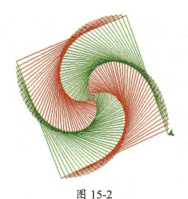

图 15-2

15.3　小结

本章主要介绍else语句，如果if语句中的条件不成立，则会自动运行else后的语句。我们绘制了两种颜色交替出现的图形，搭配使用if和else降低了代码的运算量。

第 16 章　三色螺旋线

16.1　elif 语句

对于一年中12个月，3月到5月为春季，6月到8月为夏季，9月到11月为秋季，12月到次年2月为冬季。以下代码对于输入一个月份，可以利用4个if语句判断该月份属于哪个季节。

16-1-1.py

```
1   month = int(input("请输入一个月份: "))
2
3   if month == 3 or month == 4 or month == 5:
4       print('是春季')
5   if month == 6 or month == 7 or month == 8:
6       print('是夏季')
7   if month == 9 or month == 10 or month == 11:
8       print('是秋季')
9   if month == 12 or month == 1 or month == 2:
10      print('是冬季')
```

程序示例的输入和输出如下：

```
请输入一个月份：7
是夏季
```

在16-1-1.py中，如果month为3，由第一个if语句判断是春季，这时应该不需要再进行夏季、秋季、冬季的判断了。为了处理这一问题，可以利用elif（else if的缩写）语句。修改16-1-1.py如下：

16-1-2.py

```
1   month = int(input("请输入一个月份："))
2
3   if month == 3 or month == 4 or month == 5:
4       print('是春季')
5   elif month == 6 or month == 7 or month == 8:
6       print('是夏季')
7   elif month == 9 or month == 10 or month == 11:
8       print('是秋季')
9   else:
10      print('是冬季')
```

代码首先将控制台输入的字符串转换为整数，存储在变量month中；判断month是否为3、4、5，如果条件成立就输出"是春季"；否则，即之前条件不成立，再判断month是否为6、7、8，如果条件成立就输出"是夏季"；否则，即之前条件都不成立，再判断month是否为9、10、11，如果条件成立就输出"是秋季"；否则，即之前条件都不成立，就说明month为12、1、2，输出"是冬季"。

如果month为3，代码16-1-1.py需要判断4次if语句中的条件，而代码16-1-2.py仅需判断1次。组合利用if、elif、else语句，可以显著减少程序的运算量。

【练习16-1】从键盘输入1 ~ 7的数字代表一周的第几天（约定星期一为一周的第1天），输出这天是星期几，程序示例的输入和输出如下：

```
请输入数字（1-7）：7
星期日
```

对于满分100分的考试成绩可以采用"五级评分法"评价：90分 ~ 100分为优秀，80分 ~ 89分为良好，70分 ~ 79分为中等，60分 ~ 69分为及格，60分以下为不及格。利用if、elif和else，以下代码把百分制得分转换为五级评分：

16-1-3.py

```
1   score = int(input('请输入得分：'))
2   if score>=90:
3       print('优秀')
4   elif score>=80:
5       print('良好')
6   elif score>=70:
7       print('中等')
8   elif score>=60:
9       print('及格')
10  else:
11      print('不及格')
```

程序示例的输入和输出如下：

```
请输入得分：95
优秀
```

代码首先判断score是否大于等于90，如果条件成立就输出"优秀"；否则，判断score是否大于等于80，如果成立，说明得分在80和89之间，输出"良好"；否则，判断score是否大于等于70，如果成立，说明得分在70和79之间，输出"中等"；否则，判断score是否大于等于60，如果成立，说明得分在60到69之间，输出"及格"；否则，说明score小于60，输出"不及格"。

【练习16-2】身体质量指数（Body Mass Index，BMI）是衡量人体肥胖程度的重要标准，假设一个人的身高（单位：米）为h，体重（单位：千克）为w，则他的BMI指数（单位：米/千克^2）为h/(w*w)。BMI指数小于18.5的人偏瘦，处于18.5～24属于正常，处于24～30属于超重，大于30则属于肥胖。编写代码，输入身高、体重，输出对应的健康程度，程序示例的输入和输出如下：

```
请输入身高（米）：1.75
请输入体重（千克）：72.3
正常
```

16.2　绘制三色螺旋线

第10章中介绍了绘制螺旋线的方法，那么，能否绘制出图16-1所示的三色螺旋线呢？

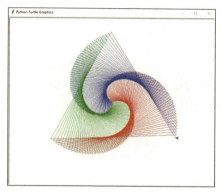

图 16-1

我们可以利用以下代码来实现：

16-2-1.py

```
1    from turtle import *  # 导入turtle库
2    speed(0)  # 快速绘制
3    # 计算螺旋线的角度：边数为3，偏移角度0.8
4    angle = 360/3 + 0.8
5    for i in range(225):
6        if i % 3 == 0:  # 红色
7            color('red')
8        if i % 3 == 1:  # 绿色
9            color('green')
10       if i % 3 == 2:  # 蓝色
11           color('blue')
12       forward(2*i)  # 前进
13       right(angle)  # 右转
14   done()  # 绘制结束
```

为了绘制交替出现的红色、绿色、蓝色线条，我们用了3条if语句，根据循环变量i除以3的余数进行设定。利用"if-elif-else"的形式，可以改进16-2-1.py，减少if语句的判断次数：

16-2-2.py

```
1    from turtle import *  # 导入turtle库
2    speed(0)  # 快速绘制
3    # 计算螺旋线的角度：边数为3，偏移角度0.8
4    angle = 360/3 + 0.8
5    for i in range(225):
6        if i % 3 == 0:  # 红色
7            color('red')
8        elif i % 3 == 1:  # 绿色
9            color('green')
10       else:  # 蓝色
```

```
11          color('blue')
12      forward(2*i)  # 前进
13      right(angle)  # 右转
14  done()  # 绘制结束
```

【练习 16-3】输入你的出生年份，利用 if-elif-else 语句，判断并输出该年是否为闰年。程序示例的输入和输出如下：

```
出生年份：2011
不是闰年
```

16.3　小结

如果有一系列条件要判断，用好 if-elif-else 可以有效减少判断的次数，降低程序的运算量。另外，和循环语句类似，if 语句也是可以嵌套使用的，请在使用时注意内层的语句要多一级缩进。

17.1 列表

为了方便存储和处理多个数据，我们可以利用列表，将多个数据放在中括号内，以逗号分隔。代码如下：

17-1-1.py

```
1  strs = ['Python', 'Turtle', 'Fun']
2  print(strs)
3  nums = [1, 2, 3, 4, 5]
4  print(nums)
```

如果说变量是存放数据的盒子，那么列表就是用盒子连起来的玩具小火车。列表初始化后，可以用print()函数输出列表中的所有元素：

```
['Python', 'Turtle', 'Fun']
[1, 2, 3, 4, 5]
```

要处理列表中的各个元素，可以利用如下形式的for语句：

17-1-2.py

```
1    nums = [1, 3, 5, 7, 9]
2    for num in nums:
3        print(num)
```

for num in nums:会遍历列表nums中的所有元素，依次将其赋给num变量，并执行冒号后的print(num)语句。

运行上述代码，输出结果如下：

```
1
3
5
7
9
```

【练习17-1】设定列表nums=[23,57,39,88,75,63]，编写代码求出列表所有元素的和。

【练习17-2】设定列表strs = ['我喜欢', 'Python', '海龟绘图', '编程']，把列表中所有字符串拼接到变量text中，然后输出。

利用for-in的形式，也可以依次访问字符串中的每个字符。输入并运行以下代码：

17-1-3.py

```
1    for t in 'Python':
2        print(t)
```

输出如下：

```
P
y
t
h
o
n
```

【练习17-3】尝试编写程序，对于输入的字符串，统计共输入了多少个字符。程序示例的输入和输出如下：

```
请输入字符串：haaaaaaaa
一共输入了 9 个字符
```

17.2 绘制四色正方形

以下代码可以绘制出如图17-1所示的彩色正方形：

17-2-1.py

```
1   from turtle import *  # 导入turtle库
2   color('red') # 设置为红色
3   forward(200)  # 前进
4   right(90)  # 右转
5   color('yellow')  # 设置为黄色
6   forward(200)  # 前进
7   right(90)  # 右转
8   color('blue')  # 设置为蓝色
9   forward(200)  # 前进
10  right(90)  # 右转
11  color('green')  # 设置为绿色
12  forward(200)  # 前进
13  right(90)  # 右转
14  done()  # 绘制结束
```

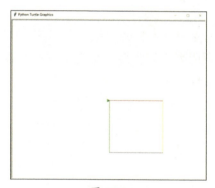

图 17-1

为了简化代码，我们可以用列表存储要绘制的4种颜色，然后在for循环语句中依次设定相应的颜色，以每种颜色绘制一条边：

17-2-2.py

```
1   from turtle import *  # 导入turtle库
2   # 列表存储四种颜色
3   colors = ['red', 'yellow', 'blue', 'green']
4   for c in colors: # 对列表元素遍历
5       color(c) # 设定颜色为列表中的元素
6       forward(200)  # 前进
7       right(90)  # 右转
8   done()  # 绘制结束
```

【练习17-4】利用列表，绘制出图17-2中由7个不同颜色长方形组合而成的彩色风车图形。

图 17-2

17.3　小结

　　利用列表，可以方便记录大量的数据；利用for循环语句，可以依次访问列表中的所有元素。利用列表储存多种颜色，我们可以用更简洁的代码绘制出四色正方形等彩色图形。

18.1 列表的索引

为了单独处理列表中的元素，可以利用从 0 开始的整数索引：

18-1-1.py

```
1   colors = ['red', 'orange', 'yellow', 'green','blue']
2   print(colors[0])
3   print(colors[2])
4   print(colors[4])
```

运行上述代码，输出如下：

```
red
yellow
blue
```

其中，colors[0] 表示访问列表 colors 中索引为 0 的元素，由于列表元素下标都是从 0 开始，因此输出 red，也就是首个元素。colors[4] 表示访问列表 colors 中索引为 4 的元素，也就是最后一个元素，因此输出 blue。

利用 for 循环让整数变量 i 从 0 开始遍历，并以 i 作为列表的索引，循环输出列表中的所有元素：

18-1-2.py

```
1  colors = ['red', 'orange', 'yellow', 'green', 'blue']
2  for i in range(5):
3      print(colors[i])
```

for i in range(5): 中 5 为列表 colors 的元素个数，i 从 0 增加到 4，colors[i] 正好遍历列表中的元素：

利用索引，还可以修改列表元素的值，以下代码把列表 nums 中所有元素的值加倍：

18-1-3.py

```
1  nums = [1, 2, 3, 4, 5]
2  for i in range(5):
3      nums[i] = 2*nums[i]
4  print(nums)
```

运行上述代码，输出如下：

```
[2, 4, 6, 8, 10]
```

【练习 18-1】设定列表 nums=[23,57,39,88,75,63]，编写代码输出列表元素中偶数的个数、奇数的个数。

【练习 18-2】设定列表 nums=[23,57,39,88,75,63,26]，编写代码求出列表所有偶数索引元素的和，即元素 nums[0]、nums[2]、nums[4]、nums[6] 的和。

另外，注意列表索引的范围为 0 到列表元素总个数减 1，如果超出这个范围，代码会报错，如图 18-1 所示。

图 18-1

18.2　绘制四色螺旋线

在本节中，我们将绘制四色螺旋线，代码如下：

18-2-1.py

```
1   from turtle import *  # 导入turtle库
2   speed(0)  # 快速绘制
3   # 以下循环绘制四色螺旋曲线
4   for i in range(150):
5       if i % 4 == 0: # i除以4余0
6           color('red') # 设为红色
7       elif i % 4 == 1:  # i除以4余1
8           color('green')  # 设为绿色
9       elif i % 4 == 2:  # i除以4余2
10          color('blue')  # 设为蓝色
11      else:  # i除以4余3
12          color('yellow')  # 设为黄色
13      forward(i)  # 前进
14      right(91)  # 右转
15  hideturtle() # 隐藏海龟图标
16  done()  # 绘制结束
```

运行上述代码，效果如图18-2所示。

图 18-2

为了绘制颜色交替出现的螺旋线，我们在18-2-1.py利用if-elif-else语句进行判断，当循环变量i除以4的余数为不同的值时，分别将线条设为不同的颜色。

利用列表，我们可以用更简短的代码实现：

18-2-2.py

```
1   from turtle import *  # 导入turtle库
2   speed(0)  # 快速绘制
3   colors = ['red','green','blue','yellow']  # 列表存储四种颜色
4   # 以下循环绘制四色螺旋曲线
```

```
5   for i in range(150):
6       index = i%4 # 对应索引
7       color(colors[index]) # 设置颜色
8       forward(i) # 前进
9       right(91) # 右转
10  hideturtle() # 隐藏海龟图标
11  done() # 绘制结束
```

其中，列表colors = ['red', 'green', 'blue', 'yellow']存储4种颜色。for循环中，随着循环变量i的增加，index = i%4重复取值0、1、2、3。以index作为索引，设置绘制颜色为colors[index]，就可以绘制出4种颜色交替出现的螺旋线。

【练习18-3】编写代码绘制出图18-3所示的效果。

图 18-3

利用索引的形式，也可以依次访问字符串中的每个字符。输入以下代码：

18-2-3.py

```
1   s = 'Python'
2   for i in range(6):
3       print(s[i])
```

运行上述代码，输出如下：

18.3　小结

利用索引的形式，我们可以更加灵活地访问、修改列表中的元素。你也可以参考绘制彩色螺旋线的代码，进一步体会列表带来的便利。

19.1　列表的更多用法

利用len()函数，我们可以得到列表中元素的个数：

19-1-1.py

```
1    xlist = [1,'a',2,'b',3.14,'pi']
2    print(len(xlist))
```

运行上述代码，输出如下：

6

对于列表xlist，其元素索引从0开始，到len(xlist)-1。因此可以用以下形式遍历列表的元素：

19-1-2.py

```
1    xlist = [1, 'a', 2, 'b', 3.14, 'pi']
2    for i in range(len(xlist)):
3        print(xlist[i])
```

运行上述代码，输出如下：

```
1
a
2
b
3.14
pi
```

除了整体初始化列表，也可以逐步把数据添加到列表中：

19-1-3.py

```
1  xlist = []
2  for i in range(1, 6):
3      xlist.append(i)
4  print(xlist)
```

xlist=[]将xlist初始化为空列表。for循环语句中i的取值范围为1到5，xlist.append(i)表示把括号中的元素i添加到列表xlist的末尾。运行上述代码，输出如下：

```
[1, 2, 3, 4, 5]
```

【练习19-1】尝试将300以内除以13余2的偶数添加到列表xlist中，运行代码并查看是否得到如下输出结果：

```
[2, 28, 54, 80, 106, 132, 158, 184, 210, 236, 262, 288]
```

【练习19-2】斐波那契数列形式如下：1、1、2、3、5、8、13……从第三个数字开始，每个数字等于它前面两个数字之和。将前15个斐波那契数列数字添加到列表xlist中，运行代码并查看是否得到如下输出结果：

```
[1, 1, 2, 3, 5, 8, 13, 21, 34, 55, 89, 144, 233, 377, 610]
```

对于列表xlist，del xlist[i]可以删除列表中索引为i的元素。输入并运行以下代码：

19-1-4.py

```
1  xlist = [1,3,5,7,9]
2  del xlist[2]
3  print(xlist)
```

原列表中 xlist[2]=5 这个元素被删除，输出如下：

```
[1, 3, 7, 9]
```

19.2　输入螺旋线的颜色

应用 append() 函数，以下代码让用户输入 5 个整数，并将其存储在列表 xlist 中：

19-2-1.py

```
1  xlist = []
2  for i in range(5):
3      x = int(input('请输入整数:'))
4      xlist.append(x)
5  print(xlist)
```

程序示例的输入和输出如下：

```
请输入整数:5
请输入整数:4
请输入整数:3
请输入整数:2
请输入整数:1
[5, 4, 3, 2, 1]
```

【练习 19-3】用户输入 10 个整数，将 10 个整数中的奇数存储在列表 oddList 中、偶数存储在列表 evenList 中，并分别输出。

应用 append() 函数，我们也可以允许用户输入多个颜色字符串，将其添加到列表中，然后以这些输入的颜色绘制螺旋线：

19-2-2.py

```
1  from turtle import *  # 导入turtle库
2  speed(0)  # 快速绘制
3  colors = []  # 颜色列表，初始为空
4  for i in range(4):  # 让用户输入四次颜色字符串
5      c = input('请输入颜色英文单词:')
6      colors.append(c)  # 添加到列表colors中
7  # 以下循环绘制四色螺旋曲线
8  for i in range(150):
9      color(colors[i % 4])  # 设置颜色
10     forward(i)  # 前进
11     right(91)  # 右转
12 hideturtle()  # 隐藏海龟图标
13 done()  # 绘制结束
```

程序示例的输入如下：

输出如图 19-1 所示。

图 19-1

turtle 库支持非常多表示颜色的字符串，其中一部分如图 19-2 所示。你也可以选择自己喜欢的颜色，绘制相应的彩色螺旋线。

图 19-2

19.3　小结

本章主要介绍获得列表元素数目、添加元素和删除元素的方法。你可以利用 append() 函数将用户输入的多个数据添加到列表中，并绘制自定义颜色的螺旋线。

第 20 章　扇子与锯齿

20.1　后退与左转

turtle库除了有forward（前进）和right（右转）函数，还有backward（后退）、left（左转）函数。让我们输入并运行以下代码：

20-1-1.py

```
1    from turtle import *  # 导入turtle库
2    shape('turtle') #设定形状为海龟
3    backward(100) # 后退100
4    left(90) # 左转90度
5    done()  # 绘制结束
```

各行绘制语句执行后的效果如图20-1所示。

图 20-1

利用backward()和left()，我们也可以绘制出一个如图20-2所示的正方形。可参考图3-8的形式，分析绘制流程：

20-1-2.py

```
1  from turtle import *  # 导入turtle库
2  shape('turtle') #设定形状为海龟
3  for i in range(4): # 绘制正方形
4      backward(100) # 后退100
5      left(90) # 左转90
6  done() # 绘制结束
```

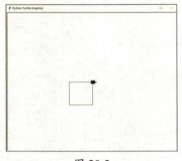

图 20-2

【练习20-1】编写代码绘制图20-3所示的十字图形。

【练习20-2】编写代码绘制图20-4所示的楼梯图形。

【练习20-3】编写代码绘制图20-5所示的放射线图形。

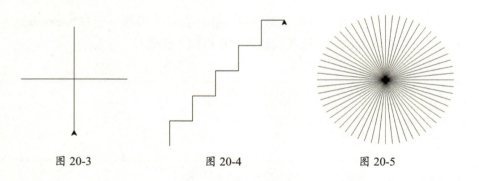

图 20-3　　　　　　　图 20-4　　　　　　　图 20-5

20.2　绘制扇子图形

在本节中，我们将绘制图20-6所示的折扇图形。

分析图片中的形状，其扇面最右边线段与水平线夹角为15度，最左边线段角度为180−15=165度。以下代码可以绘制出扇面最右边、最左边的线段（见图20-7）：

图 20-6

20-2-1.py

```
1   from turtle import *  # 导入turtle库
2   shape('turtle')  # 设定形状为海龟
3   # 绘制扇面最右边线段
4   left(15)
5   forward(200)
6   backward(200)
7   # 绘制扇面最左边线段
8   left(150)
9   forward(200)
10  backward(200)
11  done()  # 绘制结束
```

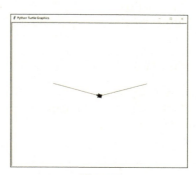

图 20-7

　　扇面区域一共跨越165-15=150度，假设扇面由50条线段组成，则相邻两个线段间夹角为150/50=3度。利用如下for循环语句，可以绘制出组成扇面的所有线段（见图20-8）：

20-2-2.py

```
1   from turtle import *  # 导入turtle库
2   shape('turtle')  # 设定形状为海龟
3   speed(0) # 加速绘制
4   left(15) # 转到扇面最右边角度
```

```
5    # 以下绘制出组成扇面的所有线段
6    for i in range(50):
7        forward(200)
8        backward(200)
9        left(3)
10   done()  # 绘制结束
```

图 20-8

当海龟每次后退到原点后，继续后退一小段距离，即可绘制出图 20-9 所示的扇柄形状。代码如下：

20-2-3.py

```
1    from turtle import *  # 导入turtle库
2    shape('turtle')  # 设定形状为海龟
3    speed(0) # 加速绘制
4    left(15) # 转到扇面最右边角度
5    # 以下代码绘制出扇面所有的线段
6    for i in range(50):
7        forward(200) # 前进绘制扇面线段
8        backward(250) # 多后退一段距离，也绘制出了扇柄
9        forward(50) # 前进回到原点
10       left(3) # 左转
11   done()  # 绘制结束
```

图 20-9

利用列表存储多种颜色，利用索引依次取对应的元素，即可绘制出图20-10所示的彩色扇子图形，代码如下：

20-2-4.py

```
1   from turtle import *  # 导入turtle库
2   speed(0) # 加速绘制
3   colors = ['red','green','blue'] # 颜色列表
4   left(15)  # 转到扇面最右边角度
5   # 以下绘制出扇面所有的线段
6   for i in range(50):
7       color(colors[i%3]) # 设置交替颜色
8       forward(200)  # 前进绘制扇面线段
9       backward(250)  # 多后退一段距离，也绘制出了扇柄
10      forward(50)  # 前进回到原点
11      left(3)  # 左转
12  hideturtle()  # 隐藏海龟图形
13  done()  # 绘制结束
```

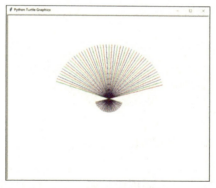

图 20-10

【练习20-4】尝试编写代码，绘制图20-11所示的圆扇图形。

图 20-11

20.3　绘制锯齿图形

在本节中，我们将绘制图 20-12 所示的锯齿图形。

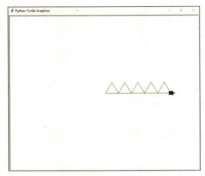

图 20-12

利用一层循环，可以绘制出一个正三角形，利用两层循环，即可绘制出图 20-12 所示的三角形锯齿：

20-3-1.py

```
1   from turtle import *  # 导入turtle库
2   shape('turtle')  # 设定形状为海龟
3   for i in range(5): # 绘制五组三角形
4       for j in range(3): # 绘制一个三角形
5           forward(50)
6           left(120)
7       forward(50) # 前进三角形边长距离
8   done() # 绘制结束
```

在上述代码中，内层 for 循环用于绘制一个边长为 50 像素的正三角形，然后前进 50 像素；外层 for 循环重复 5 次，即绘制出了对应的三角形锯齿效果。绘制前两个锯齿的流程如图 20-13 所示：

绘制正三角形　　前进　　绘制正三角形　　前进

图 20-13

同样的图形可以用不同的思路绘制，以下代码也可以绘制出图 20-12 所示的三角形锯齿，读者可以试着分析绘制的流程：

20-3-2.py

```
1   from turtle import *  # 导入turtle库
2   shape('turtle')  # 设定形状为海龟
```

```
3    for i in range(5): # 绘制5组三角形
4        for j in range(4):
5            forward(50)
6            left(120)
7        right(120)
8    done() # 绘制结束
```

提示　你可以在代码中添加 speed(1)，设置较慢的绘制速度，便于分析代码绘制的思路。

【练习20-5】尝试编写代码，绘制出图20-14所示的三角形锯齿：

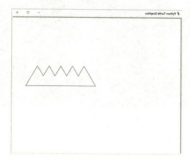

图 20-14

【练习20-6】尝试用两种方法绘制图20-15所示的方形锯齿。

图 20-15

20.4　小结

本章介绍了 turtle 库的 backward() 和 left() 函数，以及绘制扇子图形和锯齿图形的方法。当绘制任务比较复杂时，你可以参考本章的思路，从无到有地分步骤实现，降低代码的实现难度。这种分解问题的方式同样适用于解决日常学习、工作、生活中遇到的难题。

第 21 章　复合螺旋线

21.1　抬笔与落笔

在默认情况下，turtle库会在移动画笔时画线。如果要绘制图21-1所示的虚线效果，可以利用抬笔函数penup()和落笔函数pendown()。

图 21-1

代码如下：

21-1.py

```
1   from turtle import *  # 导入turtle库
2   for i in range(4):
```

```
3      penup()  # 抬笔
4      forward(30)  # 前进
5      pendown()  # 落笔
6      forward(50)  # 前进
7   done()  # 绘制结束
```

代码运行抬笔函数penup()后，画笔移动时不画线；直到运行落笔函数pendown()后，画笔移动时画线。循环执行4次，即得到了如图21-1的虚线图形。

【练习21-1】尝试编写代码，绘制图21-2所示的平行线。

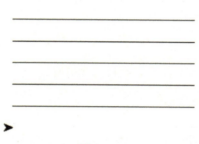

图 21-2

【练习21-2】尝试编写代码，绘制图21-3所示的两个正方形。

【练习21-3】尝试编写代码，绘制图21-4所示的虚线正方形。

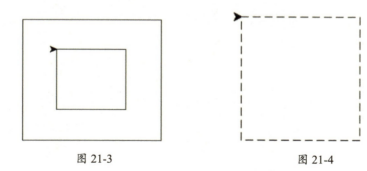

图 21-3　　　　　　　　　　　图 21-4

21.2　绘制复合螺旋线

在本节中，我们将绘制图21-5所示的复合螺旋线。

为此，我们依然使用penup()与pendown()函数：利用抬笔函数penup()在螺旋线不同顶点间移动，利用pendown()函数在螺旋线的顶点处绘制彩色正方形。以下代码绘制出 8 色复合螺旋线：

21-2.py

```
1   from turtle import *  # 导入turtle库
2   speed(0)  # 快速绘制
3   # 列表存储8种颜色
4   colors = ['red', 'orange', 'yellow', 'green',\
5             'blue', 'cyan', 'purple', 'black']
6   # 以下循环绘制8色螺旋曲线
7   for i in range(230):
8       index = i % 8  # 对应索引
9       color(colors[index])  # 设置颜色
10      penup() # 抬笔
11      forward(i)  # 前进
12      right(44)  # 右转
13      pendown() # 落笔
14      for j in range(4): # 绘制一个正方形
15          forward(5+i/8) # 正方形边长逐渐增加
16          right(90) # 右转
17  hideturtle()  # 隐藏海龟图标
18  done()  # 绘制结束
```

【练习 21-4】尝试编写代码，绘制图 21-6 所示的虚线螺旋线。

图 21-5

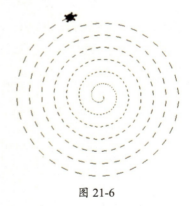

图 21-6

21.3　小结

　　本章介绍了 turtle 库的 penup() 函数和 pendown() 函数。这两个函数可以用于实现抬笔和落笔的功能，从而绘制笔画不相连的复杂图形。

第 22 章　箭靶

22.1　绘制实心圆

在本节中，我们将介绍实心圆的绘制方法。

输入并运行以下代码，即可在画面正中绘制一个直径为200像素的蓝色实心圆（见图22-1）：

22-1-1.py

```
1  from turtle import *
2  color('blue')
3  dot(200)
4  done()
```

图 22-1

　　dot() 函数以画笔处为圆心，绘制一个实心圆。以下代码可以绘制出图22-2
所示的太阳图形：

22-1-2.py

```
1   from turtle import *  # 导入turtle库
2   color('red') # 设为红色
3   d = 100 # 圆圈直径
4   dot(d) # 绘制中间的太阳实心圆圈
5   n = 12 # 光线的条数
6   angle = 360/n # 旋转角度
7   for i in range(n): # 绘制12条光线
8       right(angle) # 右转
9       penup() # 抬笔
10      forward(d*2/3) # 前进一段距离不绘制
11      pendown() # 落笔
12      forward(d/3) # 前进画一段线
13      penup() # 抬笔
14      backward(d) # 退回到圆心
15  done() # 绘制结束
```

图 22-2

　　中间的太阳是一个红色实心圆。为了绘制太阳发出光线，我们先抬笔，
前进一段距离不绘制，然后落笔绘制一段线条；绘制完一条光线后，抬笔退
回到原点，旋转后继续下一条光线的绘制。

　　要绘制出一个红色大圆内一个蓝色小圆的效果，可以利用以下代码：

22-1-3.py

```
1   from turtle import *
2   color('blue')
3   dot(100)
4   color('red')
5   dot(200)
6   done()
```

运行上述代码，效果如图22-3所示。可以看到，画面中只有一个红色实心圆。

这是因为先绘制的图形会被后绘制的图形所遮挡。鉴于此，我们需要修改代码，先绘制大的红色圆圈，再绘制小的蓝色圆圈：

22-1-4.py

```
1  from turtle import *
2  color('red')
3  dot(200)
4  color('blue')
5  dot(100)
6  done()
```

运行上述代码，效果如图22-4所示。

图 22-3

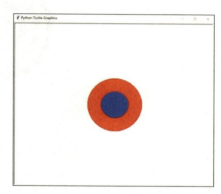

图 22-4

22.2 绘制箭靶图形

在本节中，我们将介绍箭靶图形的绘制方法。

编写以下代码，可以绘制出图22-5所示的箭靶图形：

22-2-1.py

```
1  from turtle import *
2  color('black')
3  dot(400)
4  color('yellow')
5  dot(350)
6  color('black')
7  dot(300)
8  color('yellow')
```

```
9    dot(250)
10   color('black')
11   dot(200)
12   color('yellow')
13   dot(150)
14   color('black')
15   dot(100)
16   color('yellow')
17   dot(50)
18   done()
```

图 22-5

为了循环绘制出从大到小的实心圆，可以利用递减形式的range()函数：

22-2-2.py

```
1    for d in range(400, 0, -50):
2        print(d)
```

for语句中，循环变量d从400开始，每次减少50，且始终大于0。如此一来，便会得到图22-5中所有实心圆的直径：

利用循环变量递减的for语句，我们可以更方便地绘制出箭靶图形：

22-2-3.py

```
1  from turtle import *
2  for d in range(400, 0, -100):
3      color('black')
4      dot(d)
5      color('yellow')
6      dot(d-50)
7  done()
```

for循环语句中，变量d依次取400、300、200、100，首先以d为直径绘制黑色圆圈，再以d-50为直径绘制黄色圆圈，即可以得到图22-5所示的箭靶。

我们也可以利用if-else语句绘制同样的图形：

22-2-4.py

```
1  from turtle import *
2  for d in range(400, 0, -50):
3      i = d//50
4      if i % 2 == 0:
5          color('black')
6      else:
7          color('yellow')
8      dot(d)
9  done()
```

利用整除运算，for语句内d//50的值依次取8、7、6、5、4、3、2、1。规定如果i为偶数则绘制黑色实心圆、为奇数则绘制黄色实心圆，即可绘制出黑色、黄色交替出现的效果。

【练习22-1】补充以下for语句中的代码，使得输出结果同22-2-2.py一样。

```
1  for i in range(8):
2  
```

```
400
350
300
250
200
150
100
50
```

【练习22-2】尝试编写代码，绘制图22-6所示的同心圆图形。

【练习22-3】尝试编写代码，绘制图22-7所示的彩色同心圆。

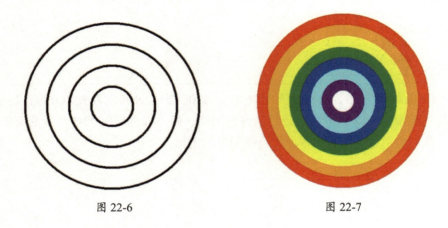

图 22-6　　　　　　　　　　　　　　图 22-7

22.3　小结

　　本章主要介绍用于绘制实心圆的dot()函数和使循环变量递减的for语句。结合之前学习的if-else语句、列表等知识，你就可以绘制出不同样式的箭靶图形。

中级篇

当要绘制的图形越来越复杂时，使用基于相对坐标系的forward()、backward()、right()、left()较难准确定位，我们可以结合基于绝对坐标系的goto(x,y)和setheading(angle)方法。

我们可以把问题分为功能相对独立的块，每一块用一个独立的函数来实现。用好函数可以降低程序设计的复杂度、提高代码的可靠性、避免程序开发的重复劳动、便于程序维护和功能扩充。

中级篇共8章，主要组合应用绝对坐标系、函数封装来绘制更加复杂的图形。这部分还介绍使用turtle库绘制空心圆、填充等内容，同时还学习了函数递归调用和随机的概念。

第 23 章　围棋棋盘 Ⅰ

23.1　相对坐标系与绝对坐标系

初级篇中让小海龟向前进（forward）、向后退（backward）、向右转
（right）、向左转（left）是基于相对坐标系执行的，即移动和旋转都基于小海
龟当前所在的位置和方向进行，如图 23-1 所示。

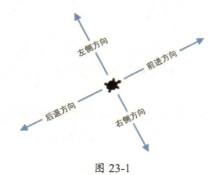

图 23-1

要更快捷地绘制复杂的图形，我们可以利用绝对坐标系。其中一维坐标

系就是一根直线，又称为数轴。对于这根直线上的任何位置，我们都可以用它所在点的数值来表示，如图23-2所示。

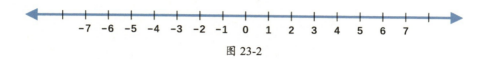

图 23-2

要刻画一个平面，可以使用平面直角坐标系，它由两个互相垂直的一维数轴组成。左右方向是横轴，又称为 X 轴，对应 x 坐标；上下方向是纵轴，又称为 Y 轴，对应 y 坐标。任一点的位置可用对应的横纵坐标 (x, y) 来表示，如图23-3所示。

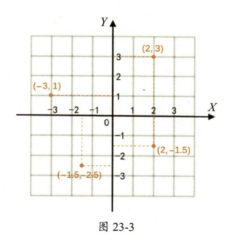

图 23-3

小海龟初始在画面中心的原点 (0,0) 位置，turtle 库的 goto(x, y) 函数可以移动其到坐标 (x, y) 的位置，以下代码可以绘制出图23-4所示的图形：

23-1.py

```python
1  from turtle import *
2  goto(200,100)
3  goto(200,-100)
4  goto(-100,-100)
5  goto(-100,100)
6  goto(200,100)
7  done()
```

无论小海龟的位置如何变化，坐标 (x,y) 表示的位置都不变，因此可以说平面直角坐标系是一种绝对坐标系。

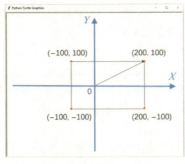

图 23-4

【练习 23-1】尝试利用绝对坐标系，绘制图 23-5 所示的闪电图形。

【练习 23-2】penup()、pendown() 和 color() 函数也可以影响 goto(x, y) 的绘制，利用绝对坐标系绘制图 23-6 所示的小鱼图形。

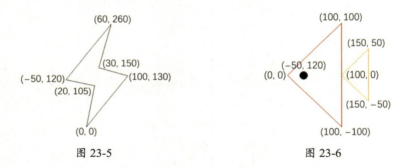

图 23-5　　　　　　　　　　　　　　　　　　图 23-6

23.2　绘制围棋棋盘

输入并运行以下代码，可以绘制出 5 条平行线：

23-2-1.py

```
1    from turtle import *  # 导入turtle库
2    for i in range(5): # 绘制5条平行线
3        penup() # 抬笔
4        goto(0, i*50) # 移动到线段起始位置
5        pendown() # 落笔
6        goto(250, i*50) # 移动到线段终止位置
7    hideturtle() # 隐藏笔的形状
8    done() # 绘制结束
```

for 循环语句中，首先抬笔移动到线段左边的起始位置 (0, i*50)，再落笔移动到线段右边的终止位置 (250, i*50)，即可得到一条长度为 250 像素的水平线

段；i从0增加到4，即可得到5条间距为50像素的平行线段，如图23-7所示。

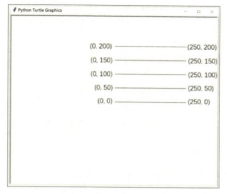

图 23-7

假设相邻平行线段间的距离为step，以下代码绘制出19条水平平行线段：

23-2-2.py

```
1   from turtle import *  # 导入turtle库
2   speed(0) # 加速绘制
3   step = 15 # 平行线间的距离
4   for i in range(19): # 绘制19条水平平行线
5       penup() # 抬笔
6       goto(0, i*step)  # 移动到线段起始位置
7       pendown()  # 落笔
8       goto(18*step, i*step)  # 移动到线段终止位置
9   hideturtle()  # 隐藏笔的形状
10  done() # 绘制结束
```

运行上述代码，绘制效果如图23-8所示。

图 23-8

围棋棋盘由横、竖各19条线段组成，绘制完整围棋棋盘的代码如下：

```
1   from turtle import *  # 导入turtle库
2   speed(0) # 加速绘制
3   step = 15 # 平行线间的距离
4   for i in range(19): # 绘制19条水平平行线
5       penup() # 抬笔
6       goto(0, i*step)  # 移动到线段起始位置
7       pendown()  # 落笔
8       goto(18*step, i*step)  # 移动到线段终止位置
9   for i in range(19):  # 绘制19条竖直平行线
10      penup()  # 抬笔
11      goto(i*step,0)  # 移动到线段起始位置
12      pendown()  # 落笔
13      goto(i*step,18*step)  # 移动到线段终止位置
14  hideturtle()  # 隐藏笔的形状
15  done() # 绘制结束
```

运行上述代码，绘制效果如图23-9所示。

【练习23-3】尝试用相对坐标系的方法，绘制出图23-9中的围棋棋盘。再和用绝对坐标系的方法比较，看看哪种实现方法更方便？

【练习23-4】尝试在围棋棋盘中添加9个圆点，如图23-10所示。

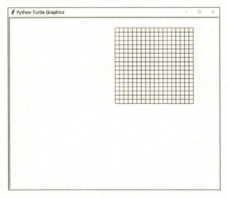

图 23-9

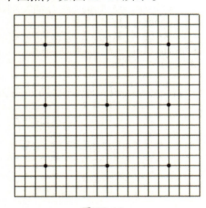

图 23-10

23.3　小结

本章主要介绍了绝对坐标系的概念，以及用于绘制围棋棋盘的goto()函数。后面章节中，我们将主要采用绝对坐标系绘制复杂的图形，与相对坐标系相比，将更容易一些。

24.1　函数

在之前的章节中，我们使用了很多函数。有一些是Python提供的内建函数，比如print()、input()、int()、str()、range()等；有一些是turtle库提供的函数，比如forward()、right()、color()、goto()等。

调用函数，就可以执行相应的功能，比如print('你好')就可以在控制台输出"你好"的字样。另外，我们也可以定义自己的函数并调用执行：

24-1-1.py

```
1   def printX():
2       print('xxxxx')
3
4   printX()
```

运行上述代码，输出如下：

xxxxx

其中，关键词 def 是 define 的缩写，表示定义函数。printX 为自定义函数的名字，名字后面写上括号 () 及冒号:，再写上对应执行的语句。注意函数内的语句要向右缩进。

定义了函数后，我们就可以通过函数名字对其进行调用了。调用 printX()，即可运行函数内的 print('xxxxx') 语句。

我们还可以在函数定义的括号内写上函数运行时接收的参数。修改代码，让用户设定要输出字符串的行数:

24-1-2.py

```
1    def printX(n):
2        for i in range(n):
3            print('xxxxx')
4
5    printX(3)
```

调用 printX(3)，会把 3 传递给函数的参数 n，函数内会重复执行 n 次 print('xxxxx') 语句，输出如下:

函数也可以接收多个参数，参数间以逗号间隔。以下代码计算两个数字的和并输出:

24-1-3.py

```
1    def Sum(a, b):
2        s = a + b
3        print(s)
4
5    Sum(3, 5)
6    Sum(1.2, 2.6)
```

运行上述代码，输出如下:

调用 Sum(3, 5)，会把 3 传递给函数的参数 a，把 5 传递给函数的参数 b，函数输出 a+b 的值 8。同样，调用 Sum(1.2, 2.6) 会计算两个小数的和并输出。

回顾 int() 函数的调用形式，n = int(3.1) 可以把小数 3.1 转换为整数 3，再把计算结果赋给变量 n。在函数定义中使用 return 语句，可以将计算结果返回，赋给其他变量。Sum() 函数的定义可调整为：

24-1-4.py

```
1    def Sum(a, b):
2        s = a + b
3        return s
4
5    n = Sum(3, 5)
6    print(n)
7    print(Sum(1.2, 2.6))
```

执行 n = Sum(3, 5) 时，Sum() 函数将计算结果 8 返回，赋给变量 n，print(n) 即输出 8；也可以使用 print(Sum(1.2, 2.6)) 的形式，直接输出 Sum(1.2, 2.6) 的返回值，即输出 3.8。

【练习24-1】定义函数，输入两个数，返回两个数的最大值。

【练习24-2】定义函数 fun()，输入正整数 n，计算 1 到 n 的所有正整数的和。调用函数求出前 50 个、前 100 个整数的和。

另外，return 语句后面也可以不写返回值，常用于结束当前函数的运行。输入并运行以下代码：

24-1-5.py

```
1    def fun(x):
2        if x>=60:
3            return
4        print('不及格')
5
6    fun(90)
```

fun(90) 调用函数，此时函数内部 x>=60 为真，因此直接 return 返回，不会继续运行后面的 print() 语句，程序没有输出。

24.2　函数封装绘制线段

对于需要重复使用的代码，我们可以将其打包，并为其取函数名。再次使用时只需要通过函数名就可以调用，不需要再重复编写代码。

绘制围棋棋盘需要重复绘制多条线段，我们可以把绘制线段的功能封装为一个函数：

24-2-1.py

```
1    from turtle import *  # 导入turtle库
2
3    # 定义绘制线段函数，参数为起始、终止点坐标
```

```
4    def line(x1,y1,x2,y2):
5        penup() # 抬笔
6        goto(x1, y1) # 移动到线段起点
7        pendown() # 落笔
8        goto(x2, y2) # 移动到线段终点
9
10   line(0,0,300,200) # 调用函数绘制一根直线
11   hideturtle()  # 隐藏笔的形状
12   done() # 绘制结束
```

定义函数 line() 后，调用 line(0,0,300,200) 即可绘制出 (0,0)、(300,200) 两点间的连线，如图 24-1 所示。

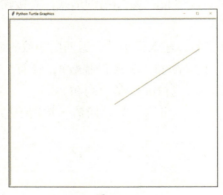

图 24-1

进一步，我们可以很方便地绘制出整个围棋棋盘，代码如下：

24-2-2.py

```
1    from turtle import *  # 导入turtle库
2
3    # 定义绘制线段函数，参数为起始、终止点坐标
4    def line(x1, y1, x2, y2):
5        penup()  # 抬笔
6        goto(x1, y1)  # 移动到线段起点
7        pendown()  # 落笔
8        goto(x2, y2)  # 移动到线段终点
9
10   speed(0)  # 加速绘制
11   step = 15  # 平行线间的距离
12   for i in range(19):  # 绘制围棋棋盘
13       line(0, i*step, 18*step, i*step)  # 绘制19条水平线段
14       line(i*step, 0, i*step, 18*step)  # 绘制19条竖直线段
15   hideturtle()  # 隐藏笔的形状
16   done()  # 绘制结束
```

运行上述代码，效果如图 24-2 所示。

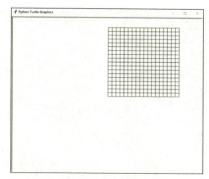

图 24-2

【练习24-3】定义函数Sum(a,b)求两个数的和，调用该函数求3个数之和。

【练习24-4】尝试编写程序，绘制图24-3所示的黑林错觉效果。在黑色斜线的影响下，两根红色平行线好像弯曲了。

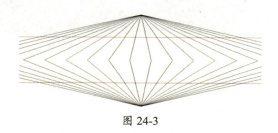

图 24-3

24.3 小结

本章主要介绍函数的定义与调用方法。定义了绘制线段的函数后，我们就可以更方便地绘制围棋棋盘。之前学过的案例代码中，还有哪些可以用函数封装来改进？

第 25 章 国际象棋棋盘

25.1 颜色填充

turtle库还可以为封闭的线条填充颜色。在绘制正方形的代码前后分别加上 begin_fill() 和 end_fill() 语句，即可得到一个填满颜色的正方形：

25-1-1.py

```
1   from turtle import *  # 导入turtle库
2   begin_fill()  # 开始填充
3   for i in range(4):  # 绘制一个正方形
4       forward(100)  # 前进
5       right(90)  # 右转
6   end_fill()  # 结束填充
7   hideturtle()  # 隐藏海龟图标
8   done()  # 绘制结束
```

运行上述代码，效果如图25-1所示。

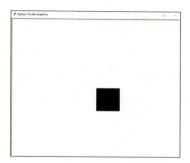

图 25-1

color()函数可以用于设置线条、填充的颜色。以下代码可以绘制出橙色的线条五角星和紫色的填充五角星：

25-1-2.py

```
1   from turtle import *  # 导入turtle库
2   color('orange') # 设为橙色
3   for i in range(5):  # 绘制一个五角星
4       forward(120)  # 前进
5       right(144)  # 右转
6
7   penup() # 抬笔
8   forward(200) # 前进
9   color('purple') # 设为紫色
10  pendown() # 落笔
11  begin_fill()  # 开始填充
12  for i in range(5):  # 绘制一个五角星
13      forward(120)  # 前进
14      right(144)  # 右转
15  end_fill()  # 结束填充
16
17  hideturtle()  # 隐藏海龟图标
18  done()  # 绘制结束
```

运行上述代码，效果如图25-2所示。

图 25-2

25.2　绘制国际象棋棋盘

为了绘制出由黑白方块组成的国际象棋棋盘，我们需要先定义函数 drawSquare(x, y, l, col)，以绘制一个颜色为col、边长为l像素的填充正方形，代码如下：

25-2-1.py

```
1   from turtle import * # 导入turtle库
2
3   # 定义绘制填充正方形函数(左上角x、y坐标、边长、颜色)
4   def drawSquare(x, y, l, col):
5       color(col) # 设置颜色
6       penup()  # 抬笔
7       goto(x, y)  # 移动到目标位置
8       pendown()  # 落笔
9       begin_fill()  # 开始填充
10      for i in range(4):  # 绘制正方形
11          forward(l)  # 前进
12          right(90)  # 右转
13      end_fill()  # 结束填充
14
15  bgcolor('yellow') # 设置背景颜色
16  drawSquare(0, 0, 100, 'black') # 画黑色正方形
17  drawSquare(100, 0, 100, 'white')  # 画白色正方形
18  hideturtle()  # 隐藏海龟图标
19  done()  # 绘制结束
```

其中，bgcolor('yellow') 用于设置画面背景颜色为黄色。调用 drawSquare() 函数，即可绘制由黑色、白色填充的正方形。运行上述代码，效果如图25-3 所示。

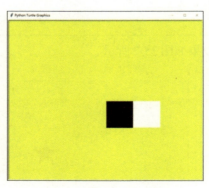

图 25-3

利用两重循环遍历，即可绘制出完整的国际象棋棋盘，代码如下：

25-2-2.py

```
1    from turtle import *
2
3    # 定义绘制填充正方形函数(左上角x、y坐标、边长、颜色)
4    def drawSquare(x, y, l, col):
5        color(col)  # 设置颜色
6        penup()  # 抬笔
7        goto(x, y)  # 移动到目标位置
8        pendown()  # 落笔
9        begin_fill()  # 开始填充
10       for i in range(4):  # 绘制正方形
11           forward(l)  # 前进
12           right(90)  # 右转
13       end_fill()  # 结束填充
14
15   speed(0)  # 加速绘制
16   bgcolor('yellow')  # 设置背景颜色
17   step = 50  # 步长
18   for y in range(-200, 200, step):  # 对y遍历
19       for x in range(-200, 200, step):  # 对x遍历
20           if ((x+y)//step) % 2 == 0:  # 画黑色方块
21               drawSquare(x, y, step, 'black')
22           else:  # 画白色方块
23               drawSquare(x, y, step, 'white')
24   hideturtle()  # 隐藏海龟图标
25   done()  # 绘制结束
```

其中，步长 step = 50，循环语句内部，(x+y)//step 为偶数时画黑色方块、为奇数时画白色方块，如此即可绘制黑白方块交替出现的效果，如图 25-4 所示。

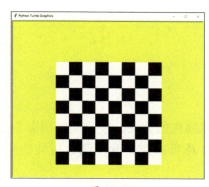

图 25-4

【练习 25-1】绘制图 25-5 所示的图形，由 'OliveDrab2' 和 'seaGreen3' 两种颜色填充的方块交替出现，且在方块顶点处有一些由红色、白色填充的圆。盯

着这张图片上下转动头，绘制的方块仿佛在滚动变形。

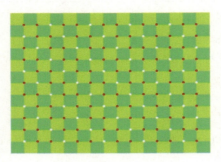

图 25-5

提示　函数 dot() 也可以接收两个参数，dot(320, 'red') 表示绘制一个直径为 320 像素的红色实心圆。

【练习 25-2】尝试编写代码，绘制图 25-6 所示的"禁止驶入"交通标志。

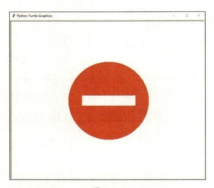

图 25-6

25.3　小结

　　本章主要介绍填充颜色的方法，以及绘制国际象棋棋盘等图案的方法。在设计代码的过程中，你可以充分利用函数封装的模块化思想，提高开发效率。

26.1　绘制空心圆

　　circle(r)可以绘制一个半径为r的空心圆。编写以下代码，即可在小海龟的左侧绘制一个半径为100的空心圆：

　　　26-1-1.py

```
1    from turtle import *  # 导入turtle库
2    shape('turtle')  # 显示小海龟
3    circle(100) # 绘制半径为100像素的空心圆
4    done() # 绘制结束
```

　　运行上述代码，效果如图26-1所示。

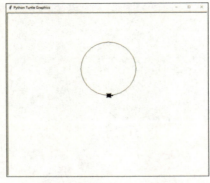

图 26-1

利用循环语句，以下代码可以绘制出半径从10像素逐渐增加到100像素的空心圆。如图26-2所示，其中的空心圆都在小海龟的左侧。

26-1-2.py

```python
from turtle import *  # 导入turtle库
shape('turtle')  # 显示小海龟
for r in range(10,101,10): # 循环
    circle(r)  # 绘制半径为r的空心圆
done()  # 绘制结束
```

运行上述代码，效果如图26-2所示。

图 26-2

为了在圆心坐标(x,y)处绘制半径为r的空心圆，我们需要定义函数drawCircle(x, y, r)：首先利用home()函数，将小海龟移至原点，且面朝右边，然后使用goto(x, y-r)将小海龟移动到圆心坐标(x,y)下方r的位置；使用circle(r)，从(x, y-r)开始在小海龟左侧绘制半径为r的圆圈，等同于以(x,y)为圆心绘制半径为r的空心圆，如图26-3所示。

26-1-3.py

```
1   from turtle import *  # 导入turtle库
2   shape('turtle')  # 显示小海龟
3
4   # 定义函数绘制空心圆(圆心坐标、半径)
5   def drawCircle(x, y, r):
6       penup() # 抬笔
7       home() # 返回原点，面朝右边
8       goto(x, y-r) # 移动到圆心坐标下方r的位置
9       pendown() # 落笔
10      circle(r) # 在当前位置左侧画半径为r的空心圆
11
12  drawCircle(60,80,100)   # 绘制空心圆
13  done()   # 绘制结束
```

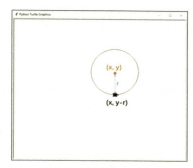

图 26-3

利用drawCircle(x, y, r)函数，可以很方便地绘制出一组同心圆，如图26-4所示：

26-1-4.py

```
1   from turtle import *   # 导入turtle库
2   shape('turtle')  # 显示小海龟
3
4   # 定义函数绘制空心圆(圆心坐标、半径)
5   def drawCircle(x, y, r):
6       penup() # 抬笔
7       home() # 返回原点，面朝右边
8       goto(x, y-r) # 移动到圆心坐标下方r的位置
9       pendown() # 落笔
10      circle(r) # 在当前位置左侧画半径为r的空心圆
11
12  for r in range(10, 101, 10):  # 循环
13      drawCircle(0,0,r)  # 绘制半径为r的空心圆
14
15  done()  # 绘制结束
```

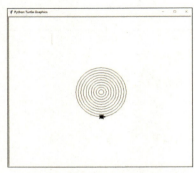

图 26-4

【练习26-1】绘制图26-5所示的太阳图形。

图 26-5

26.2 设置画笔粗细

海龟绘图默认绘制的线条较细，可以利用pensize()函数设定画笔粗细，以下代码由细到粗绘制出10条平行线段：

26-2-1.py

```
1  from turtle import *  # 导入turtle库
2  for i in range(10):  # 绘制10条平行线
3      pensize(i)  # 设置画笔粗细为i
4      penup()  # 抬笔
5      goto(0, i*25)  # 移动到线段起始位置
6      pendown()  # 落笔
7      goto(250, i*25)  # 移动到线段终止位置
8  hideturtle()  # 隐藏笔的形状
9  done()  # 绘制结束
```

pensize(i)设置画笔粗细为i，i值越大，绘制的线条越粗，如图26-6所示。

图 26-6

也可以使用pensize()和color()函数设定绘制空心圆的线条粗细、颜色。修改 drawCircle() 的定义，增加函数接收参数：

26-2-2.py

```
1    from turtle import *  # 导入turtle库
2
3    # 定义函数绘制空心圆(圆心坐标、半径、画笔粗细、颜色)
4    def drawCircle(x, y, r, s, col):
5        pensize(s)  # 设置画笔粗细为s
6        color(col) # 设置颜色为col
7        penup()  # 抬笔
8        home()  # 返回原点，面朝右边
9        goto(x, y-r)  # 移动到圆心坐标下方r的位置
10       pendown()  # 落笔
11       circle(r)  # 在当前位置左侧画半径为r的空心圆
12
13   drawCircle(60, 80, 100, 5, 'red')  # 绘制空心圆
14   hideturtle() # 隐藏画笔图案
15   done()  # 绘制结束
```

drawCircle(60, 80, 100, 5, 'red')以坐标(60,80)处为圆心，绘制一个半径为100、线条粗细为5、红色的空心圆，如图26-7所示。

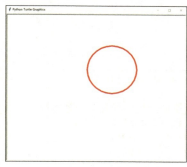

图 26-7

【练习26-2】绘制图26-8所示的奥运五环图形。

【练习26-3】绘制图26-9所示的棒棒糖图形。

图 26-8　　　　　　　　　　图 26-9

26.3　绘制大小圆圈错觉

　　人们对物体大小的感知，往往受其周边物体的影响，利用这一原理，图26-10绘制了大小圆圈错觉图形。两个蓝色圆圈的半径是一样的，但是在外围黑色圆圈的影响下，左边蓝色圆圈似乎要更大一些。

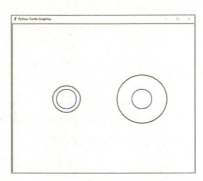

图 26-10

26-3.py

```
1  from turtle import *  # 导入turtle库
2
3  # 定义函数绘制空心圆(圆心坐标、半径、画笔粗细、颜色)
4  def drawCircle(x, y, r, s, col):
5      pensize(s)  # 设置画笔粗细为s
6      color(col)  # 设置颜色为col
7      penup()  # 抬笔
8      home()  # 返回原点，面朝右边
```

```
9        goto(x, y-r)  # 移动到圆心坐标下方r的位置
10       pendown()  # 落笔
11       circle(r)  # 在当前位置左侧画半径为r的空心圆
12
13   drawCircle(-150, 0, 40, 2, 'blue')  # 绘制左边蓝色圆
14   drawCircle(-150, 0, 55, 2, 'black')  # 绘制左边黑色圆
15   drawCircle(150, 0, 40, 2, 'blue')  # 绘制右边蓝色圆
16   drawCircle(150, 0, 100, 2, 'black')  # 绘制右边黑色圆
17   hideturtle()  # 隐藏画笔图案
18   done()  # 绘制结束
```

【练习26-4】绘制图26-11所示的大小圆圈错觉图形。

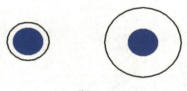

图 26-11

【练习26-5】绘制图26-12所示的图形，栅格的交汇处仿佛有一些小黑点在闪烁。

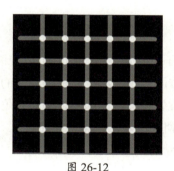

图 26-12

26.4　小结

　　本章主要介绍了绘制空心圆、设置画笔粗细的方法。结合绝对坐标系，定义了更容易使用的画圆函数。最后调用自定义函数，绘制了有趣的大小错觉图形。

第 27 章 彩虹

27.1 设置小海龟的绝对朝向

在相对坐标系中，forward()、backward()可以控制小海龟的移动，right()、left()可以控制小海龟的方向；在绝对坐标系中，goto()可以设置小海龟的位置，而setheading()函数可以设置小海龟的朝向，即小海龟的头部朝向的方向。

图27-1显示了设定朝向为0度、90度、180度、270度时小海龟的状态，随着角度数值的增加，小海龟沿着逆时针方向旋转：

setheading(0)   setheading(90)   setheading(180)   setheading(270)

图 27-1

以下代码设定小海龟朝向60度方向，并绘制了一根线段，如图27-2所示。

27-1-1.py

```
1   from turtle import *  # 导入turtle库
2   shape('turtle')  # 显示小海龟
3   setheading(60)  # 设定朝向角度
```

```
4    forward(150)  # 前进
5    done()  # 绘制结束
```

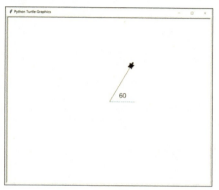

图 27-2

【练习27-1】输入线条数 n，使用 setheading()、forward()，绘制图27-3所示的放射线图形。程序示例的输入和输出如下：

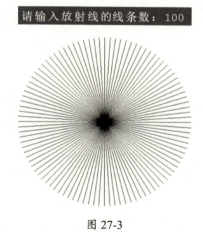

图 27-3

使用 setheading()、forward() 函数，以下代码绘制了一个正方形，如图27-4所示。

27-1-2.py

```
1    from turtle import *  # 导入turtle库
2    shape('turtle')  # 显示小海龟
3    for i in range(4):  # 绘制正方形
4        setheading(i*90)  # 设定朝向角度
5        forward(100)  # 前进
6    done()  # 绘制结束
```

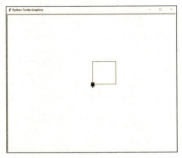

图 27-4

完整的绘制过程如图27-5所示。

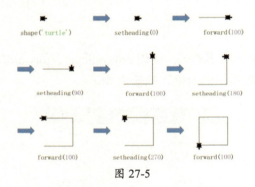

图 27-5

【练习27-2】输入正多边形的边数，用setheading()、forward()函数绘制相应的正多边形，如图27-6所示。程序示例的输入和输出如下：

图 27-6

【练习27-3】编写代码绘制由空心圆、正方形螺旋线组合成的图27-7所示图案：

图 27-7

27.2　设置空心圆弧的角度范围

circle(r,a) 可以绘制一个半径为 r、角度范围为 a 的圆弧。输入并运行以下代码，绘制了一个半径为 100 像素、角度范围为 120 度的空心圆弧，如图 27-8 所示：

27-2-1.py

```
1   from turtle import *  # 导入turtle库
2   shape('turtle')  # 显示小海龟
3   circle(100,120) # 绘制半径100，角度范围120度的圆弧
4   done() # 绘制结束
```

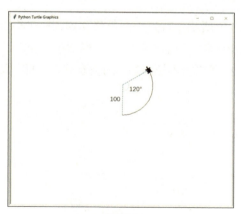

图 27-8

为了绘制图 27-9 所示的圆心坐标为 (x, y)、半径为 r、起始角度为 $a1$、终止角度为 $a2$ 的圆弧，可以定义函数 drawCircle(x, y, r, a1, a2)：

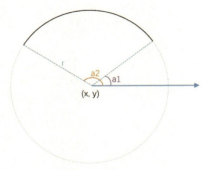

图 27-9

27-2-2.py

```
1   from turtle import *  # 导入turtle库
2   shape('turtle')  # 显示小海龟
3
4   # 定义函数绘制空心圆弧(圆心坐标、半径，起止角度)
5   def drawCircle(x, y, r, a1, a2):
6       penup()  # 抬笔
7       goto(x, y)  # 移动到圆心坐标
8       setheading(a1)  # 设置小海龟起始朝向
9       forward(r)  # 前进距离r
10      left(90)  # 左转90度
11      pendown()  # 落笔
12      circle(r,a2-a1)  # 在左侧绘制角度a2-a1的圆弧
13
14  drawCircle(100, 50, 100, 30, 160)  # 绘制空心圆弧
15  done()  # 绘制结束
```

　　绘制流程如图27-10所示：首先小海龟移动到圆心坐标(x, y)的位置，设定朝向角度为a1；然后沿着该方向前进半径r，左转90度；最后调用circle()函数在其左侧绘制一个半径为r、角度范围为a2-a1的空心圆弧，即可以得到想要的图形。

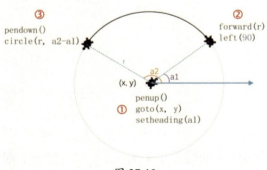

图 27-10

　　利用定义的drawCircle()函数，以下代码可以绘制出一个虚线空心圆，如

图27-11所示：

27-2-3.py

```
1   from turtle import *  # 导入turtle库
2   # 定义函数绘制空心圆弧(圆心坐标、半径，起止角度)
3   def drawCircle(x, y, r, a1, a2):
4       penup()  # 抬笔
5       goto(x, y)  # 移动到圆心坐标
6       setheading(a1) # 设置小海龟起始朝向
7       forward(r) # 前进距离r
8       left(90) # 左转90度
9       pendown()  # 落笔
10      circle(r,a2-a1)  # 在左侧绘制角度a2-a1的圆弧
11
12  speed(0) # 加速绘制
13  shape('turtle')  # 显示小海龟
14  step = 6  # 步长角度
15  for angle in range(0,360,step):
16      drawCircle(0,0,200,angle,angle+step/2) # 绘制空心圆弧
17  hideturtle() # 隐藏海龟图形
18  done()  # 绘制结束
```

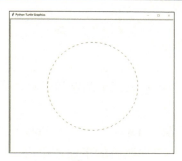

图 27-11

【练习27-4】编写代码绘制图27-12所示的图形。

【练习27-5】编写代码绘制图27-13所示的雨伞图形。

图 27-12

图 27-13

27.3　绘制彩虹

定义函数 drawHalfDot(x, y, r, col)，在 (x, y) 处绘制一个半径为 r、颜色为 col 的填充半圆：

27-3-1.py

```
1   from turtle import *  # 导入turtle库
2
3   # 定义函数，画填充半圆(圆心坐标、半径、颜色)
4   def drawHalfDot(x, y, r, col):
5       color(col)  # 设置颜色
6       penup()  # 抬笔
7       goto(x, y)  # 移动到圆心坐标
8       setheading(0)  # 设置小海龟朝右
9       forward(r)  # 前进距离r
10      left(90)  # 左转90度
11      pendown()  # 落笔
12      begin_fill()  # 开始填充
13      circle(r, 180)  # 绘制半圆弧
14      goto(x+r, y)  # 绘制出圆的直径
15      end_fill()  # 结束填充
16
17  drawHalfDot(0, 0, 100, 'red')  # 画填充半圆
18  hideturtle()  # 隐藏海龟图形
19  done()  # 绘制结束
```

使用 begin_fill()、end_fill() 填充半圆弧和半圆直径围成的区域，即可得到图 27-14 所示的效果。

彩虹可由红（red）、橙（orange）、黄（yellow）、绿（green）、青（cyan）、蓝（blue）、紫（purple）这 7 种颜色的半圆环组成，再加上一个白色（white）半圆使得彩虹中空。设定列表 colors 存储所有的颜色，利用 for 循环绘制从大到小的 8 个填充半圆，即可得到图 27-15 所示的效果：

图 27-14

图 27-15

```
1   from turtle import *  # 导入turtle库
2
3   # 定义函数，画填充半圆(圆心坐标、半径、颜色)
4   def drawHalfDot(x, y, r, col):
5       color(col) # 设置颜色
6       penup()  # 抬笔
7       goto(x, y)  # 移动到圆心坐标
8       setheading(0)  # 设置小海龟朝右
9       forward(r)  # 前进距离r
10      left(90)  # 左转90度
11      pendown()  # 落笔
12      begin_fill()  # 开始填充
13      circle(r, 180)  # 绘制半圆弧
14      goto(x+r, y) # 绘制圆的直径
15      end_fill()  # 结束填充
16
17  # 列表存储8种颜色
18  colors = ['red', 'orange', 'yellow', 'green',
19          'cyan', 'blue', 'purple', 'white']
20  speed(0)  # 加速绘制
21  for i in range(0, 8):  # 循环
22      r = 250 - i*15 # 从大到小的半径
23      # 绘制对应颜色的填充半圆
24      drawHalfDot(0, 0, r, colors[i])
25  hideturtle()  # 隐藏海龟图形
26  done()  # 绘制结束
```

【练习27-6】爱心图案可以近似为一个正方形和两个半圆的组合，编写代码绘制图27-16所示的红色爱心：

图 27-16

27.4 小结

本章主要介绍了设置小海龟的绝对朝向、设置空心圆弧的角度范围，定义了更易使用的圆弧绘制函数。结合列表、for循环、填充等知识，绘制了美丽的七色彩虹。

第28章　运动的圆圈错觉

图28-1是一张静止的图片，但我们却感觉画面中的圆圈像波浪一样不停地运动，是不是很神奇？下面我们一起用Python来实现这样的图形。

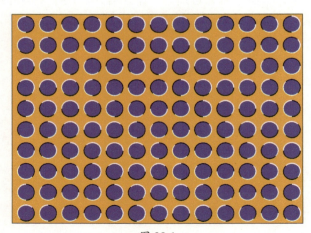

图 28-1

28.1 绘制基础单元

首先定义函数drawPie(x, y, r, a1, a2, col)，画一个圆心坐标为(x, y)、半径为r、角度范围为a1 ~ a2、颜色为col的填充扇形：

28-1-1.py

```
1    from turtle import *  # 导入turtle库
2
3    # 定义函数，画填充扇形(圆心坐标、半径、起止角度、颜色)
4    def drawPie(x, y, r, a1, a2, col):
5        color(col)  # 设置颜色
6        penup()  # 抬笔
7        goto(x, y)  # 移动到圆心坐标
8        setheading(a1)  # 设置小海龟起始朝向
9        pendown()  # 落笔
10       begin_fill()  # 开始填充
11       forward(r)  # 从圆心前进到圆弧处
12       left(90)  # 左转90度
13       circle(r, a2-a1)  # 在左侧绘制角度a2-a1的圆弧
14       left(90)  # 左转90度
15       forward(r)  # 从圆弧处前进到圆心
16       end_fill()  # 结束填充
17
18   bgcolor('orange')  # 背景橙色
19   # 画填充扇形：圆心(0,0)、半径100、30度至150度、黑色
20   drawPie(0, 0, 100, 30, 150, 'black')
21   hideturtle()  # 隐藏海龟图形
22   done()  # 绘制结束
```

填充扇形的绘制流程如图28-2所示。

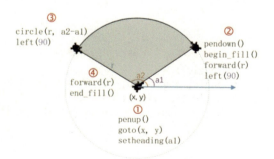

图 28-2

通过begin_fill()、end_fill()将圆弧、圆弧两边端点和圆心连线围成的区域填充，即可得到图28-3所示的效果。

图 28-3

图 28-1 中的一个基本单元可由一个紫罗兰色（'blueviolet'）的实心圆、黑色半圆、白色半圆组合而成。定义函数 drawUnit(x, y, r, angle)，绘制圆心坐标 (x, y)、半径 r、黑色半圆起始角度为 angle 的基础单元：

28-1-2.py

```
1   from turtle import *  # 导入turtle库
2
3   # 定义函数，画填充扇形(圆心坐标、半径、起止角度、颜色)
4   def drawPie(x, y, r, a1, a2, col):
5       color(col)  # 设置颜色
6       penup()  # 抬笔
7       goto(x, y)  # 移动到圆心坐标
8       setheading(a1)  # 设置小海龟起始朝向
9       pendown()  # 落笔
10      begin_fill()  # 开始填充
11      forward(r)  # 从圆心前进到圆弧处
12      left(90)  # 左转90度
13      circle(r, a2-a1)  # 在左侧绘制角度a2-a1的圆弧
14      left(90)  # 左转90度
15      forward(r)  # 从圆弧处前进到圆心
16      end_fill()  # 结束填充
17
18  # 定义函数，画基本单元(圆心坐标、半径、起始角度)
19  def drawUnit(x, y, r, angle):
20      drawPie(x, y, r, angle, angle+180, 'black')  #黑色半圆
21      drawPie(x, y, r, angle+180, angle+360, 'white')  #白色半圆
22      drawPie(x, y, r*0.9, 0, 360, 'blueviolet')  #紫罗兰色整圆
23
24  speed(0)  # 加速绘制
25  bgcolor('orange')  # 背景橙色
26  # 画一个基础单元：圆心(0,0)、半径100、起始45度
27  drawUnit(0, 0, 100, 45)
28  hideturtle()  # 隐藏海龟图形
29  done()  # 绘制结束
```

drawUnit() 函数中，drawPie(x, y, r, angle, angle+180, 'black')绘制一个黑色

半圆，drawPie(x, y, r, angle+180, angle+360, 'white')绘制一个偏移180度的白色半圆，drawPie(x, y, r*0.9, 0, 360, 'blueviolet')绘制一个半径小一些的紫罗兰色整圆，最终得到图28-4所示的效果。

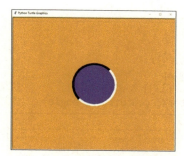

图 28-4

28.2　绘制单元阵列

假设基础单元的半径R=40，两个基础单元圆心间距离step=2.5*R，利用两重循环语句，可以绘制出图28-5所示的基础单元阵列。

28-2-1.py（其他代码同28-1-2.py）

```
24  speed(0)  # 加速绘制
25  bgcolor('orange') # 背景橙色
26  R = 40  # 基础单元外围黑白圆弧半径
27  step = 2.5*R # 两个基础单元圆心距离
28  for j in range(-2, 3):  # 对行遍历
29      centerY = j*step  # 当前圆心y坐标
30      for i in range(-3, 5):  # 对列遍历
31          centerX = i*step  # 当前圆心x坐标
32          drawUnit(centerX, centerY, R, 0) # 绘制基础单元
33  hideturtle()  # 隐藏海龟图形
34  done() # 绘制结束
```

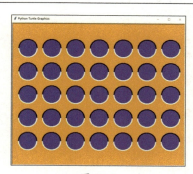

图 28-5

进一步，对于行号 j、列号 i 的位置，设定黑色半圆弧的起始角度 angle= $45*((i+j) \% 6)$，让不同行列基础单元的起始角度不同，即可绘制出图 28-6 所示的错觉图片效果。

28-2-2.py（其他代码同 28-2-1.py）

```
28   for j in range(-2, 3):  # 对行遍历
29       centerY = j*step  # 当前圆心y坐标
30       for i in range(-3, 5):  # 对列遍历
31           centerX = i*step  # 当前圆心x坐标
32           angle = 45 * ((i+j) % 6)  # 黑色半圆弧的起始角度
33           drawUnit(centerX, centerY, R, angle)  # 绘制基础单元
```

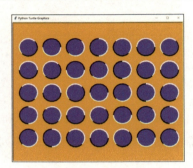

图 28-6

为了绘制更多的基础单元，我们可以利用 setup() 函数让绘制窗口更大。比如 setup(width=1000, height=800) 可以将窗口的宽设置为 1000 像素，将窗口的高设置为 800 像素，如图 28-7 所示。

28-2-3.py

```
1    from turtle import *  # 导入turtle库
2
3    # 定义函数，画填充扇形(圆心坐标、半径、起止角度、颜色)
4    def drawPie(x, y, r, a1, a2, col):
5        color(col)  # 设置颜色
6        penup()  # 抬笔
7        goto(x, y)  # 移动到圆心坐标
8        setheading(a1)  # 设置小海龟起始朝向
9        pendown()  # 落笔
10       begin_fill()  # 开始填充
11       forward(r)  # 从圆心前进到圆弧处
12       left(90)  # 左转90度
13       circle(r, a2-a1)  # 在左侧绘制角度a2−a1的圆弧
14       left(90)  # 左转90度
15       forward(r)  # 从圆弧处前进到圆心
16       end_fill()  # 结束填充
17
```

```
18   # 定义函数，画基本单元(圆心坐标、半径、起始角度)
19   def drawUnit(x, y, r, angle):
20       drawPie(x, y, r, angle, angle+180, 'black') # 黑色半圆
21       drawPie(x, y, r, angle+180, angle+360, 'white')#白色半圆
22       drawPie(x, y, r*0.9, 0, 360, 'blueviolet') # 紫罗兰色整圆
23
24   setup(width=1000, height=800) # 设置窗口大小
25   speed(0)   # 加速绘制
26   bgcolor('orange') # 背景橙色
27   R = 40   # 基础单元外围黑白圆弧半径
28   step = 2.5*R # 两个基础单元圆心距离
29   for j in range(-3, 4):   # 对行遍历
30       centerY = j*step   # 当前圆心y坐标
31       for i in range(-4, 5):   # 对列遍历
32           centerX = i*step   # 当前圆心x坐标
33           angle = 45 * ((i+j) % 6)   # 黑色半圆弧的起始角度
34           drawUnit(centerX, centerY, R, angle) # 绘制基础单元
35   hideturtle()   # 隐藏海龟图形
36   done()   # 绘制结束
```

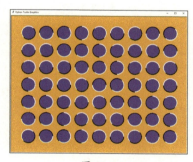

图 28-7

【练习28-1】编写代码绘制图 28-8 所示的错觉图片。其中，外围的单元仿佛在向左移动、中间的单元仿佛在向右移动。

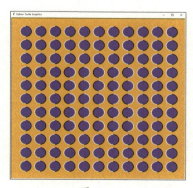

图 28-8

提示　当要绘制的内容较多时，使用 speed(0) 后绘制的速度仍然较慢，这时可以使用 tracer(False) 设置不显示绘制过程动画，直接输出最终的画面。

【练习 28-2】ex-28-2.py 利用 drawPie() 函数绘制了图 28-9 所示的 "旋转蛇"错觉图片。阅读该代码，尝试理解并从零开始分步骤重新实现它。

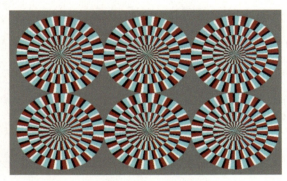

图 28-9

ex-28-2.py

```
1    from turtle import *  # 导入turtle库
2
3    # 定义函数，画填充扇形(圆心坐标、半径、起止角度、颜色)
4    def drawPie(x, y, r, a1, a2, col):
5        color(col)  # 设置颜色
6        penup()  # 抬笔
7        goto(x, y)  # 移动到圆心坐标
8        setheading(a1)  # 设置小海龟起始朝向
9        pendown()  # 落笔
10       begin_fill()  # 开始填充
11       forward(r)  # 从圆心前进到圆弧处
12       left(90)  # 左转90度
13       circle(r, a2-a1)  # 在左侧绘制角度a2-a1的圆弧
14       left(90)  # 左转90度
15       forward(r)  # 从圆弧处前进到圆心
16       end_fill()  # 结束填充
17
18   hideturtle()  # 隐藏海龟图形
19   tracer(False) # 不显示绘制过程动画
20   setup(width=650, height=450)  # 设置窗口大小
21   bgcolor('gray') # 背景灰色
22   totalOffset = 0  # 不同半径之间扇形的角度偏移量
23   for centerX in range(-200, 201, 200):  # 对圆心x坐标循环
24       for centerY in range(-100, 201, 200):  # 对圆心y坐标循环
25           for radius in range(100, 0, -25):  # 圆半径遍历
26               for i in range(20):  # 绘制20组扇形单元
```

```
27          offset = i*18+totalOffset #当前组扇形的起始角度
28          # 依次绘制黑色、砖红色、白色、青色的填充扇形
29          drawPie(centerX, centerY, radius, offset,
30                  offset+3, 'black')
31          drawPie(centerX, centerY, radius,
32                  offset+3, offset+9, 'firebrick')
33          drawPie(centerX, centerY, radius, offset +
34                  9, offset+12, 'white')
35          drawPie(centerX, centerY, radius, offset +
36                  12, offset+18, 'cyan')
37      totalOffset=totalOffset+9   # 不同半径间角度偏移9度
38  done()   # 绘制结束
```

【练习28-3】编写代码绘制图28-10所示的云纹瓦当图案。

【练习28-4】编写代码绘制图28-11所示的云纹图案。

图 28-10

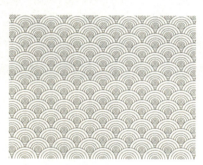

图 28-11

28.3 小结

本章绘制了神奇的错觉图片"运动的圆圈",当绘制任务比较复杂时,你可以把任务分解,降低难度。从功能上讲,可以把不同的部分封装为独立的函数;从实现过程上讲,可以分步骤完成,先做出简单的效果,再逐步改进。

你也可以搜索中国古代的"云纹瓦当"图片,尝试用Python编程绘制出更多美丽的图案。

第 29 章 递归圆圈画

29.1 函数递归调用

在定义函数时，还可以在函数中调用其他的函数。输入并运行以下代码：

29-1-1.py

```
1   def funA():
2       print("A")
3
4   def funB():
5       funA()
6       print("B")
7
8   funB()
9   print("C")
```

输出：

程序运行流程如图29-1所示。

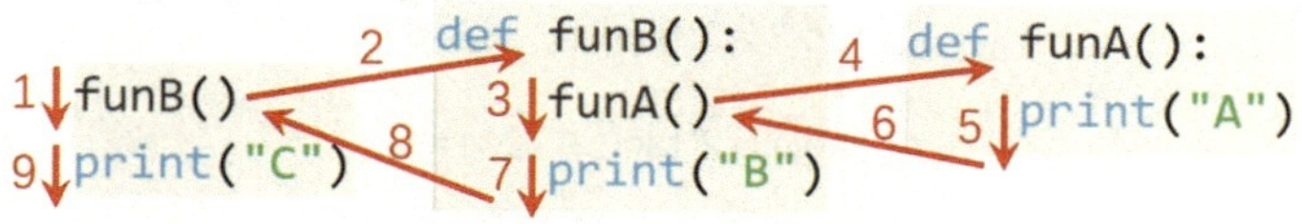

图 29-1

1. 代码从函数外的语句开始运行，首先调用funB()函数；
2. 开始进入funB()函数内部；
3. 在funB()内，首先调用funA()函数；
4. 开始进入funA()函数内部；
5. 在funA()内，首先输出"A"；
6. funA()运行结束，返回到funB()函数内部；
7. 在funB()内部继续运行，输出"B"；
8. funB()运行结束，返回到函数外部；
9. 继续运行，输出"C"，程序结束。

一个函数直接或间接地调用自身的过程叫作递归调用，比如求整数 n 的阶乘 $n! = n \times (n-1) \times (n-2) \times \cdots \times 1$ 的过程可以转换为递归调用的形式：

$$n! = \begin{cases} 1, & n = 1 \\ n \times (n-1)!, & n > 1 \end{cases}$$

当 n 大于1时，n 的阶乘等于 n 乘以 $n-1$ 的阶乘；当 n 等于1时，n 的阶乘等于1。定义求阶乘函数 fac() 如下：

29-1-2.py

```
1   def fac(n):
2       if n>1:
3           f = n*fac(n-1)
4       elif n==1:
5           f=1
6       return f
7
8   print(fac(4))
```

函数外调用fac(4)，输出：

24

程序运行流程如图29-2所示。

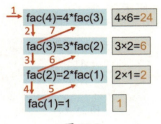

图 29-2

1. 开始运行函数外的语句 print(fac(4))，调用 fac(4)；进入 fac() 内部，$n=4$ 大于 1，因此 fac(4)=4*fac(3)；

2. 开始调用 fac(3)；进入 fac() 内部，$n=3>1$，因此 fac(3)=3*fac(2)；

3. 开始调用 fac(2)；进入 fac() 内部，$n=2>1$，因此 fac(2)=2*fac(1)；

4. 开始调用 fac(1)；进入 fac() 内部，$n=1$，因此 fac(1)=1，fac(1) 运行结束；

5. 返回 fac(2)；fac(2)=2*fac(1)，计算 $2 \times 1=2$，fac(2) 运行结束；

6. 返回 fac(3)；fac(3)=3*fac(2)，计算 $3 \times 2=6$，fac(3) 运行结束；

7. 返回 fac(4)；fac(4)=4*fac(3)，计算 $4 \times 6=24$，fac(4) 运行结束，最终输出 24。

【练习 29-1】定义函数 fun(n)，利用递归的方法求 1 到 n 的所有正整数的和。调用函数 fun() 求出前 50 个、前 100 个正整数的和。

29.2　绘制递归圆圈画

定义函数 drawCircle(x, y, r) 在圆心坐标 (x, y) 处绘制一个半径为 r 的空心圆；定义函数 drawCircles(x,y,radius) 绘制一个圆圈组，包括中间的大圆和它上下左右的 4 个半径是它一半的小圆。效果如图 29-3 所示。

29-2-1.py

```
1   from turtle import *  # 导入turtle库
2
3   # 定义函数绘制空心圆(圆心坐标、半径)
4   def drawCircle(x, y, r):
5       penup()  # 抬笔
6       setheading(0)  # 面朝右边
7       goto(x, y-r)  # 移动到圆心坐标下方r的位置
8       pendown()  # 落笔
9       circle(r)  # 在当前位置左侧画半径为r的空心圆
10
11  # 定义函数绘制圆圈组
12  def drawCircles(x,y,radius):
```

```
13      drawCircle(x, y, radius) # 中间的大圆
14      drawCircle(x+1.5*radius, y, radius/2) # 右边的小圆
15      drawCircle(x-1.5*radius, y, radius/2) # 左边的小圆
16      drawCircle(x, y+1.5*radius, radius/2) # 上边的小圆
17      drawCircle(x, y-1.5*radius, radius/2) # 下边的小圆
18
19  speed(0) # 加速绘制
20  drawCircles(0, 0, 100) # 绘制圆圈组
21  hideturtle() # 隐藏画笔图形
22  done() # 绘制完成
```

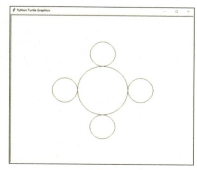

图 29-3

进一步，修改函数 drawCircles(x,y,radius) 的定义，当 radius 大于等于 10 时，在上下左右递归绘制半径小一半的圆圈组：

29-2-2.py

```
1   from turtle import *  # 导入turtle库
2
3   # 定义函数绘制空心圆(圆心坐标、半径)
4   def drawCircle(x, y, r):
5       penup()  # 抬笔
6       setheading(0)  # 面朝右边
7       goto(x, y-r)  # 移动到圆心坐标下方r的位置
8       pendown()  # 落笔
9       circle(r)  # 在当前位置左侧画半径为r的空心圆
10
11  # 定义函数绘制圆圈组
12  def drawCircles(x,y,radius):
13      drawCircle(x, y, radius) # 中间的大圆
14      if radius>=10:
15          drawCircles(x+1.5*radius, y, radius/2) # 右边小圆圈组
16          drawCircles(x-1.5*radius, y, radius/2) # 左边小圆圈组
17          drawCircles(x, y+1.5*radius, radius/2) # 上边小圆圈组
18          drawCircles(x, y-1.5*radius, radius/2) # 下边小圆圈组
19
20  speed(0) # 加速绘制
```

```
21  drawCircles(0, 0, 100) # 绘制圆圈组
22  hideturtle() # 隐藏画笔图形
23  done() # 绘制完成
```

利用函数的递归调用，我们用较少的代码即可以绘制出图 29-4 所示的这种非常繁复的图形。

【练习 29-2】尝试编写代码，绘制图 29-5 所示的几何图形。

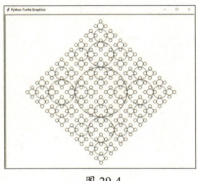

图 29-4

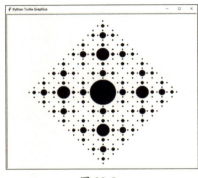

图 29-5

29.3　小结

本章主要介绍了函数递归调用的概念，绘制了递归圆圈画。读者也可以尝试用正多边形作为基本元素，用递归绘制更多美丽的图形。

第 30 章　分形树

30.1　绘制分形树

树枝、树叶、闪电、雪花等很多自然现象的图形都具有以下特征：

1. 整体上看，图形是不规则的；
2. 不同尺度上看，图形结构有一定的相似性。

满足这些特征的图形可称为分形，图30-1为用分形方法绘制一棵树的过程：

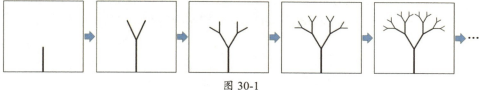

图 30-1

1. 绘制树干；
2. 绘制其左边的子树干、绘制其右边的子树干；
3. 继续生成子树干，直到新的树干长度足够短时停止。

输入并运行以下代码：

30-1-1.py

```python
1   from turtle import *  # 导入turtle库
2
3   # 定义函数绘制树干(树干长度)
4   def drawBranch(branchLength):
5       if branchLength > 5:  # 如果树干长度大于5
6           # 绘制当前branchLength长度的树干
7           forward(branchLength)
8           # 绘制右边的子树干，要短15
9           right(20)
10          drawBranch(branchLength-15)
11          # 绘制左边的子树干，要短15
12          left(40)
13          drawBranch(branchLength-15)
14          # 回到当前树干的起点
15          right(20)
16          backward(branchLength)
17
18  speed(0)  # 加速绘制
19  penup()  # 抬笔
20  goto(0,-200)  # 树根位置
21  setheading(90)  # 初始朝向上
22  pendown()  # 落笔
23  drawBranch(100)  # 画分形树
24  done()  # 绘制结束
```

函数 drawBranch(branchLength) 绘 制 长 度 为 branchLength 的 树 干，如果树干长度大于5像素，则执行如下绘制操作，如图30-2所示：forward(branchLength) 绘制当前 branchLength 长度的树干作为父树干；right(20)控制画笔向右旋转20度，drawBranch(branchLength-15)绘制右侧短一些的子树干；left(40)控制画笔向左旋转40度，即相当于在父树干左侧20度，drawBranch(branchLength-15)绘制左侧短一些的子树干；right(20)控制画笔右转20度，和父树干方向一致，backward(branchLength)控制画笔回到父树干的起始位置。

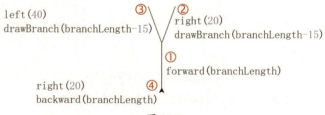

图 30-2

在函数外，首先将画笔移动到画面下部、朝向上方，调用drawBranch(100)，即可递归地绘制出图30-3所示的图形。

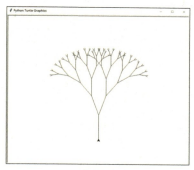

图 30-3

进一步修改代码如下：

30-1-2.py

```
1   from turtle import *  # 导入turtle库
2
3   # 定义函数绘制树干(树干长度)
4   def drawBranch(branchLength):
5       if branchLength > 5:  # 如果树干长度大于5
6           pensize(branchLength/20) # 树干越短，越细
7           # 绘制当前branchLength长度的树干
8           forward(branchLength)
9           # 绘制右边的子树干，要短15
10          right(20)
11          drawBranch(branchLength-15)
12          # 绘制左边的子树干，要短15
13          left(40)
14          drawBranch(branchLength-15)
15          # 回到当前树干的起点
16          right(20)
17          backward(branchLength)
18      else:  # 绘制末端叶子
19          color('green')  # 树叶绿色
20          dot(5)  # 绘制小实心圆
21          color('black')  # 树干黑色
22
23  speed(0)  # 加速绘制
24  penup()  # 抬笔
25  goto(0,-200)  # 树根位置
26  setheading(90)  # 初始朝向上
27  pendown()  # 落笔
28  drawBranch(100)  # 画分形树
29  done()  # 绘制结束
```

drawBranch() 函数中，添加 pensize(branchLength/20) 语句，使得树干越短，树枝越细；当 branchLength > 5 不成立时，在树干的末端绘制由绿色实心圆表示的绿叶，如图 30-4 所示。

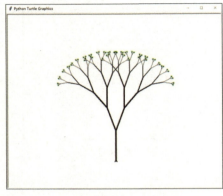

图 30-4

30.2　随机分形树

为了绘制出有一定随机性的分形树，你需要先学习随机函数的用法。输入并运行以下代码：

30-2-1.py

```
1  import random
2  for i in range(10):
3      n = random.randint(1, 5)
4      print(n)
```

输出结果如下所示：

import random 表示导入 random 库。random 库是 Python 自带的，不需额外下载安装。

random.randint(1,5) 表示取一个处于 1 ～ 5 的随机整数，for 循环每次运行时，输出的结果都可能不同，为 1、2、3、4、5 中随机抽取的数。

【练习 30-1】尝试用随机函数模拟抛硬币的概率问题，假设数字 1 表示硬币正面朝上，数字 2 表示硬币反面朝上。抛 1000 次硬币，统计正面朝上多少次，反面朝上多少次。程序示例输出如下：

> 硬币正面朝上次数： 499 ， 反面朝上次数： 501

设定子树干的绘制长度为 branchLength-random.randint(10, 20)，即可绘制出树干长度有一定随机性的分形树，如图 30-5 所示：

30-2-2.py

```
1   from turtle import *  # 导入turtle库
2   import random # 导入随机库
3
4   # 定义函数绘制树干(树干长度)
5   def drawBranch(branchLength):
6       if branchLength > 5:  # 如果树干长度大于5
7           pensize(branchLength/20) # 树干越短，越细
8           # 绘制当前branchLength长度的树干
9           forward(branchLength)
10          # 绘制右边的子树干，要短15
11          right(20)
12          drawBranch(branchLength-random.randint(10, 20))
13          # 绘制左边的子树干，要短15
14          left(40)
15          drawBranch(branchLength-random.randint(10, 20))
16          # 回到当前树干的起点
17          right(20)
18          backward(branchLength)
19      else: # 绘制末端叶子
20          color('green') # 树叶绿色
21          dot(5) # 绘制小实心圆
22          color('black')  # 树干黑色
23
24  speed(0) # 加速绘制
25  penup() # 抬笔
26  goto(0,-200) # 树根位置
27  setheading(90) # 初始朝向上
28  pendown() # 落笔
29  drawBranch(100) # 画分形树
30  hideturtle() # 隐藏画笔图形
31  done() # 绘制结束
```

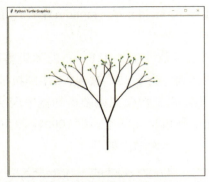

图 30-5

　　进一步，也可以让左、右子树干相对于父树干的旋转角度有一定的随机性：

30-2-3.py

```python
from turtle import *  # 导入turtle库
import random # 导入随机库

# 定义函数绘制树干(树干长度)
def drawBranch(branchLength):
    if branchLength > 5:  # 如果树干长度大于5
        pensize(branchLength/20) # 树干越短，越细
        # 绘制当前branchLength长度的树干
        forward(branchLength)
        # 绘制右边的子树干，要短15
        angleRight = random.randint(10, 30) #右边随机角度
        right(angleRight)
        drawBranch(branchLength-random.randint(10, 20))
        # 绘制左边的子树干，要短15
        angleLeft = random.randint(10, 30) #左边随机角度
        left(angleRight+angleLeft)
        drawBranch(branchLength-random.randint(10, 20))
        # 回到当前树干的起点
        right(angleLeft)
        backward(branchLength)
    else: # 绘制末端叶子
        color('green') # 树叶绿色
        dot(5) # 绘制小实心圆
        color('black')  # 树干黑色

tracer(False) # 不显示绘制过程
speed(0) # 加速绘制
penup() # 抬笔
goto(0,-200) # 树根位置
setheading(90) # 初始朝向上
pendown() # 落笔
```

```
32    drawBranch(100) # 画分形树
33    hideturtle() # 隐藏画笔图形
34    done() # 绘制结束
```

绘制效果如图 30-6 所示。

【练习 30-2】尝试绘制一棵图 30-7 所示的分形樱花树。

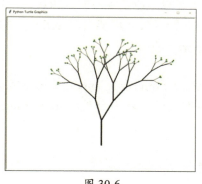

图 30-6

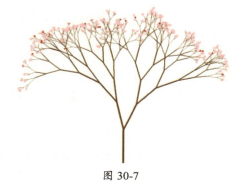

图 30-7

30.3 import 的用法

我们在 30.2 节的代码中导入 random 库、turtle 库的写法不太一样，调用库中函数的写法也不太一样：

30-3-1.py

```
1    import random  # 导入随机库
2    from turtle import *  # 导入turtle库
3
4    n = random.randint(1, 5) # 取随机数
5    print(n) # 输出n
6
7    circle(100) # 画空心圆
8    done() # 绘制结束
```

其中，import random 表示导入 random 库，要使用 random 库的函数，需要在对应函数前加上库的名字作为前缀，如 random.randint(1, 5)。

from turtle import * 表示导入 turtle 库的所有功能，不需要再加上前缀，可以直接使用海龟库的 circle()、done() 等函数。

交换导入 random 库、turtle 库的写法，代码可以调整为：

30-3-2.py

```
1    from random import *  # 导入随机库
2    import turtle  # 导入turtle库
```

```
3
4    n = randint(1, 5) # 取随机数
5    print(n) # 输出n
6
7    turtle.circle(100) # 画空心圆
8    turtle.done() # 绘制结束
```

使用 from turtle import * 的形式可以省去前缀，适合学习阶段快速输入代码练习。当代码规模越来越大时，我们自定义的函数名可能会和 turtle 库中的函数名冲突，这时不建议使用 from turtle import * 的形式。

> **提示** 为了让教学代码更简洁，本书主要采用 from turtle import * 的形式。在第 35 章实现较复杂的飞翔的小鸟游戏时，我们会用到 import turtle 的形式。

我们还可以使用 import as 的形式，为导入的库起一个别名：

30-3-3.py

```
1    import turtle as t   # 导入turtle库
2    t.circle(100) # 画空心圆
3    t.done() # 绘制结束
```

import turtle as t 表示导入 turtle 库，并且为其取别名 t，后面调用 turtle 库的函数，可将 turtle 前缀简写为 t. 的形式。

另外，如果只需要使用 random 库的 randint() 函数，也可以使用如下的形式，仅导入库中的这一个函数：

30-3-4.py

```
1    from random import randint   # 导入随机库中的randint函数
2    n = randint(1, 5) # 取随机数
3    print(n) # 输出n
```

30.4　小结

本章主要介绍了随机函数的用法，利用函数递归调用，绘制了美丽的分形树。读者也可以尝试用函数递归绘制科赫雪花、谢尔宾斯基三角形、蕨类植物叶子等分形图形。

高级篇

    学到这里，你会不会对绘制静止图案有点厌倦了？在高级篇，我们会让绘制的图形运动起来！一旦图形动起来，就可以实现反弹球，甚至可以开发见缝插针、飞翔的小鸟等趣味游戏！

    高级篇共5章。我们首先学习while循环语句，结合海龟绘图的清屏功能，实现反弹的小球。为了开发复杂的游戏，高级篇也介绍了面向对象的知识，把函数和数据封装在一起，进一步降低程序的开发难度。

第 31 章　下落的小球

31.1　小球下落

为了绘制小球下落的动画效果，我们可以利用 for 循环语句，让变量 y 逐渐减小，然后调用 drawCircle(0, y) 函数在坐标 (0, y) 处绘制一个实心圆：

31-1-1.py

```
1    from turtle import *  # 导入turtle库
2
3    # 定义绘制填充圆函数(x、y坐标、直径)
4    def drawCircle(x, y, d):
5        penup()  # 抬笔
6        goto(x, y)  # 移动到目标位置
7        pendown()  # 落笔
8        dot(d, 'red')  # 画直径d的填充圆
9
10   speed(0)  # 加速绘制
11   hideturtle()  # 隐藏海龟图标
12   for y in range(200, -201, -1): # y坐标递减
```

```
13        drawCircle(0, y, 50) # 绘制小球
14    done()   # 绘制结束
```

然而程序运行后，把小球下落的整个轨迹都绘制出来了，如图31-1所示。

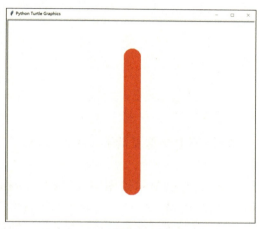

图 31-1

利用清屏函数clear()，在用新的y值绘制小球前先清空屏幕，即可得到小球下落动画，如图31-2所示。

31-1-2.py

```
1    from turtle import *   # 导入turtle库
2
3    # 定义绘制填充圆函数(x、y坐标、直径)
4    def drawCircle(x, y, d):
5        penup()   # 抬笔
6        goto(x, y)   # 移动到目标位置
7        pendown()   # 落笔
8        dot(d, 'red')   # 画直径d的填充圆
9
10   speed(0)   # 加速绘制
11   hideturtle()   # 隐藏海龟图标
12   for y in range(200, -201, -1):   # y坐标递减
13       clear()   # 清空屏幕
14       drawCircle(0, y, 50)   # 绘制小球
15   done()   # 绘制结束
```

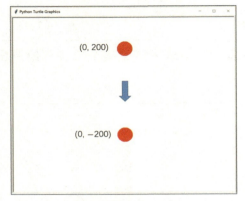

图 31-2

由于 31-1-2.py 中 for 循环中要重复清屏、绘制小球，下落的小球一直在闪烁。

tracer() 函数可用于设置是否显示绘图中间过程。for 循环中绘制前先用 tracer(False) 设置不显示绘制过程，所有绘制语句执行后再用 tracer(True) 设置显示绘制中间过程，一次 for 循环只显示一次绘制效果，即可解决画面闪烁的问题：

31-1-3.py

```
1   from turtle import *  # 导入turtle库
2
3   # 定义绘制填充圆函数(x、y坐标、直径)
4   def drawCircle(x, y, d):
5       penup()  # 抬笔
6       goto(x, y)  # 移动到目标位置
7       pendown()  # 落笔
8       dot(d, 'red')  # 画直径d的填充圆
9
10  speed(0)  # 加速绘制
11  hideturtle()  # 隐藏海龟图标
12  for y in range(200, -201, -1):  # y坐标递减
13      tracer(False) # 不显示绘制过程
14      clear() # 清空屏幕
15      drawCircle(0, y, 50)  # 绘制小球
16      tracer(True)  # 显示绘制过程
17  done()  # 绘制结束
```

目前小球的下落速度过快了。利用 import time 导入时间处理模块，在循环语句中添加 time.sleep(0.01) 暂停 0.01 秒，即可得到速度较慢的小球下落动画：

31-1-4.py

```
1   from turtle import *  # 导入turtle库
2   import time # 导入时间处理模块
3
4   # 定义绘制填充圆函数(x、y坐标、直径)
5   def drawCircle(x, y, d):
6       penup()  # 抬笔
7       goto(x, y)  # 移动到目标位置
8       pendown()  # 落笔
9       dot(d, 'red')  # 画直径d的填充圆
10
11  speed(0)  # 加速绘制
12  hideturtle()  # 隐藏海龟图标
13  for y in range(200, -201, -1):  # y坐标递减
14      tracer(False) # 不显示绘制过程
15      clear() # 清空屏幕
16      drawCircle(0, y, 50)  # 绘制小球
17      tracer(True)  # 显示绘制过程
18      time.sleep(0.01) # 暂停0.01毫秒
19  done()  # 绘制结束
```

31.2 while 循环

除了使用for语句，也可以使用while语句实现循环，输入并运行以下代码：

31-2-1.py

```
1   while True:
2       print(100)
```

运行上述程序，则将重复输出100，如下所示：

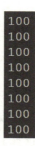

while表示当后面表达式为真时，执行冒号后的语句，再次判断表达式是否成立，如此循环。while True:即表示一直重复执行后面的print(100)语句。

while也可以和比较大小运算符结合。输入并运行以下代码：

31-2-2.py

```
1   n = 1
2   while n < 4:
3     print(n)
4     n = n+1
```

运行上述程序，输出如下：

while n<4: 表示当 *n*<4为真时，while中的语句循环运行。

程序开始时 *n* 等于1，*n*<4为真，因此运行print(n)，输出"1"，继续执行 *n*=*n*+1，*n* 等于2；

继续判断，*n*<4为真，因此运行print(n)，输出"2"，继续执行 *n*=*n*+1，*n* 等于3；

继续判断，*n*<4为真，因此运行print(n)，输出"3"，继续执行 *n*=*n*+1，*n* 等于4；

继续判断，*n*<4为假，因此结束while语句，程序结束。

以下代码利用while语句，输出10以内的所有奇数：

31-2-3.py

```
1   n = 1
2   while n <= 10:
3     print(n)
4     n = n+2
```

运行上述程序，输出如下：

很多需要用循环语句处理的问题，既可以用for语句，也可以用while语句。以下代码分别用for、while语句计算1+2+3+…+50的值：

31-2-4.py

```
1   s = 0
2   for n in range(1, 51):
```

```
3      s = s+n
4    print(s)
5
6    n = 1
7    s = 0
8    while n <= 50:
9      s = s+n
10     n = n+1
11   print(s)
```

运行上述程序，输出如下：

```
1275
1275
```

【练习31-1】分别利用for、while语句求 $1 \times 1 + 2 \times 2 + 3 \times 3 + \cdots + 100 \times 100$ 的值。

【练习31-2】for语句一般用于已知循环次数的情况，而对于循环次数未知的情形，则一般使用while循环语句。假设数字密码为"1234"，利用while语句让用户重复输入密码，直到密码正确。程序示例的输入和输出如下：

```
请输入数字密码：3344
密码错误！
请输入数字密码：1357
密码错误！
请输入数字密码：1234
密码正确！
```

【练习31-3】改进ex-31-2.py，只允许用户有3次输错密码的机会。程序示例的输入和输出如下：

```
请输入数字密码：4321
密码错误！
请输入数字密码：1234
密码正确！
```

```
请输入数字密码：1
密码错误！
请输入数字密码：12
密码错误！
请输入数字密码：123
输错三次密码，已锁定！
```

利用while语句，我们可以修改31-1-4.py的小球下落代码，如下所示：

31-2-5.py

```
1   from turtle import *  # 导入turtle库
2   import time  # 导入时间处理模块
3
4   # 定义绘制填充圆函数(x、y坐标、直径)
5   def drawCircle(x, y, d):
6       penup()  # 抬笔
7       goto(x, y)  # 移动到目标位置
8       pendown()  # 落笔
9       dot(d, 'red')  # 画直径d的填充圆
10
11  speed(0)  # 加速绘制
12  hideturtle()  # 隐藏海龟图标
13  y = 200  # y坐标初始为200
14  while y>=-200:  # 循环
15      tracer(False)  # 不显示绘制过程
16      clear()  # 清空屏幕
17      drawCircle(0, y, 50)  # 绘制小球
18      tracer(True)  # 显示绘制过程
19      time.sleep(0.01)  # 暂停0.01毫秒
20      y = y - 1  # y坐标递减
21  done()  # 绘制结束
```

【练习31-4】改进ex-30-2.py，用户按键盘任意键，可以绘制一棵新的随机樱花树，如图31-3所示。

图 31-3

31.3　小结

本章主要介绍海龟绘图的清屏函数clear()、设置是否显示绘图过程的函数tracer()、时间库的暂停功能函数sleep()，实现了小球下落动画；还介绍了while循环语句，更适用于循环次数未定的情况。

32.1　变量的作用域

　　程序中变量起作用的范围，称为变量的作用域。根据作用域的不同，Python中变量可分为局部变量和全局变量。

　　在函数内部定义的变量称为局部变量，其作用域从变量定义起始处开始，到函数定义末尾结束。编写如下代码：

32-1-1.py

```
1    def fun(): # 函数定义
2        x = 10 # 局部变量，仅能在函数内部访问
3        print('函数内：',x)
4
5    fun() # 函数调用
6    print('函数外：', x)
```

　　其中，变量x的作用域在函数fun()内部，在其内部可以输出x值；在函数外部使用变量x，程序报错：

```
函数内：  10
Traceback (most recent call last):
  File "C:\Users\tongj\AppData\Local\Temp\codemao-pa8dKn/temp.py", line 6, in <module>
    print('函数外：', x)
NameError: name 'x' is not defined
```

在所有函数之外定义的变量称为全局变量，其作用域为整个程序：

32-1-2.py

```python
1   x = 10   # 全局变量，整个程序都能访问
2
3   def fun():  # 函数定义
4       print('函数内：', x)
5
6   fun()   # 函数调用
7   print('函数外：', x)
```

变量 x 在函数外定义，为全局变量，因此在函数 fun() 内外均可以访问。运行上述程序后，输出如下：

```
函数内：  10
函数外：  10
```

如果全局变量与局部变量同名，则在局部变量的作用域内访问的是局部变量，全局变量被"屏蔽"。

32-1-3.py

```python
1   x = 10   # 全局变量，整个程序都能访问
2
3   def fun():  # 函数定义
4       x = 5  # 同名局部变量
5       print('函数内：', x)
6
7   fun()   # 函数调用
8   print('函数外：', x)
```

其中，fun() 函数内 x=5 设定局部变量 x 的值为 5，函数内 print(x) 输出 5，全局变量 x 的值不受影响；函数外 print(x) 输出全局变量 x 的值，因此输出 10：

```
函数内：  5
函数外：  10
```

如果要在函数内也能访问、修改全局变量，我们可以利用 global 指令：

32-1-4.py

```
1    x = 10  # 全局变量，整个程序都能访问
2
3    def fun():  # 函数定义
4        global x # x为全局变量
5        x = 5 # 修改全局变量x的值
6        print('函数内：', x)
7
8    fun()  # 函数调用
9    print('函数外：', x)
```

其中，fun()函数内的global x说明x是全局变量，x = 5修改全局变量x的值为5。运行上述程序后，输出如下：

```
函数内：  5
函数外：  5
```

32.2 动态图形程序框架

定义全局变量小球的圆心坐标(x, y)、直径d、y方向速度vy，可以实现如下版本的下落小球：

32-2-1.py

```
1    from turtle import *  # 导入turtle库
2    import time  # 导入时间处理模块
3
4    x = 0 # 圆心x坐标
5    y = 200 # 圆心y坐标
6    d = 50 # 小球直径
7    vy = -3 # 小球y方向速度
8
9    # 定义绘制填充圆函数
10   def drawCircle():
11       penup()  # 抬笔
12       goto(x, y)  # 移动到目标位置
13       pendown()  # 落笔
14       dot(d, 'red')  # 画直径d的填充圆
15
16   hideturtle()  # 隐藏海龟图标
17   while y >= -200:  # 循环
18       tracer(False)  # 不显示绘制过程
19       clear()  # 清空屏幕
20       drawCircle()  # 绘制小球
21       tracer(True)  # 显示绘制过程
22       time.sleep(0.01)  # 暂停0.01毫秒
23       y = y + vy  # y坐标受速度影响变化
24   done()  # 绘制结束
```

进一步，我们可以把绘制功能放到 draw() 函数中，把更新小球参数的功能封装到 update() 函数中，利用 while True: 一直循环运行。由于 undate() 中要修改全局变量的值，因此需要使用 global 指令。

32-2-2.py

```
1   from turtle import *  # 导入turtle库
2   import time  # 导入时间处理模块
3
4   x = 0  # 圆心x坐标
5   y = 200  # 圆心y坐标
6   d = 50  # 小球直径
7   vy = -3  # 小球y方向速度
8   hideturtle()  # 隐藏海龟图标
9
10  # 绘制函数
11  def draw():
12      penup()  # 抬笔
13      goto(x, y)  # 移动到目标位置
14      pendown()  # 落笔
15      dot(d, 'red')  # 画直径d的填充圆
16
17  # 更新函数
18  def update():
19      global y,vy  # 全局变量
20      y = y + vy  # y坐标受速度影响变化
21
22  while True:  # 一直循环
23      tracer(False)  # 不显示绘制过程
24      clear()  # 清屏
25      draw()  # 绘制
26      update()  # 更新
27      tracer(True)  # 显示绘制过程
28      time.sleep(0.01)  # 暂停0.01毫秒
29  done()  # 绘制结束
```

将一些重要的参数设为全局变量，用 draw() 函数绘制，用 update() 函数更新参数值，while 循环中重复调用 draw()、update()，这一程序框架可以较方便地实现动态图形的效果。

32.3　反弹的小球

如果定义窗口的宽度为 w、高度为 h，那么可以用 setup(width=w, height=h) 设置绘图窗口大小。画面中心的坐标为 (0,0)，画面底部的 y 坐标为 $-h/2$。当小球落地时，即小球和窗口底部接触时，小球中心 y 坐标恰好等于 $-h/2+d/2$，如

图 32-1 所示。

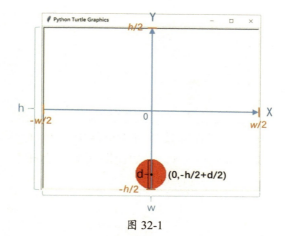

图 32-1

当小球落地时，只需将其 Y 轴上的速度反向（ $vy = -vy$ ），执行 $y = y+vy$ 就相当于使 y 逐渐变大，即实现了小球反弹向上运动。

32-3-1.py

```
1   from turtle import *  # 导入turtle库
2   import time  # 导入时间处理模块
3
4   h = 400  # 窗口高度
5   w = 600  # 窗口宽度
6   setup(width=w, height=h)  # 设置绘图窗口大小
7   hideturtle()  # 隐藏海龟图标
8   x = 0  # 圆心x坐标
9   y = 0  # 圆心y坐标
10  d = 50  # 小球直径
11  vy = -3  # 小球y方向速度
12
13  # 绘制函数
14  def draw():
15      penup()  # 抬笔
16      goto(x, y)  # 移动到目标位置
17      pendown()  # 落笔
18      dot(d, 'red')  # 画直径d的填充圆
19
20  # 更新函数
21  def update():
22      global y, vy  # 全局变量
23      # 碰到下边界，小球速度反向
24      if y <= -h/2+d/2:
25          vy = -vy
26      # 根据速度更新小球坐标
```

```
27        y = y + vy
28
29  while True:  # 一直循环
30        tracer(False)  # 不显示绘制过程
31        clear()  # 清屏
32        draw()  # 绘制
33        update()  # 更新
34        tracer(True)  # 显示绘制过程
35        time.sleep(0.01)  # 暂停0.01毫秒
36  done()  # 绘制结束
```

同样，反弹小球和窗口顶部接触时，小球中心 y 坐标恰好等于 $h/2-d/2$，也将其 Y 轴上的速度反向（$v_y = -vy$），如此即实现了小球上下反弹运动，如图 32-2 所示。

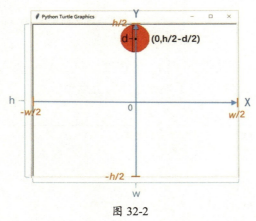

图 32-2

32-3-2.py（其他代码同 32-3-1.py）

```
20  # 更新函数
21  def update():
22        global y, vy  # 全局变量
23        # 碰到下边界，小球速度反向
24        if y <= -h/2+d/2:
25            vy = -vy
26        # 碰到上边界，小球速度反向
27        if y >= h/2-d/2:
28            vy = -vy
29        # 根据速度更新小球坐标
30        y = y + vy
```

进一步，我们可以利用逻辑或运算符将两个 if 语句合并为一个：

32-3-3.py（其他代码同 32-3-2.py）

```
20  # 更新函数
21  def update():
```

```
22      global y, vy  # 全局变量
23      # 碰到上下边界反弹
24      if y >= h/2-d/2 or y <= -h/2+d/2:
25          vy = -vy
26      # 根据速度更新小球坐标
27      y = y + vy
```

【练习32-1】添加小球x方向的速度变量vx，完善代码，实现斜着反弹的小球。

【练习32-2】添加重力加速度g，实现受重力加速下落的小球。

【练习32-3】尝试编写程序，实现图32-3所示的脚步错觉效果。深蓝色、淡黄色两个小方块以相同速度左右移动，在黑白条纹背景上，两个方块仿佛在交替前进，就像人行走时的左右脚步一样。

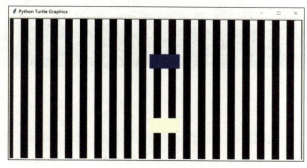

图 32-3

32.4 小结

本章主要介绍变量作用域的概念。我们利用全局变量和自定义函数绘制了反弹的小球。在后续章节中，我们会继续利用这个程序框架，开发更加复杂的动态图形程序。

Lesson #33

第 33 章 多球反弹

在第32章中，我们实现了一个反弹球，请你想一想，能否实现两个反弹球？

好像不是很难，只需要定义小球1的变量x1、y1、vx1、vy1、d1，小球2的变量x2、y2、vx2、vy2、d2，然后调整代码ex-32-1.py就可以了。

那如果要实现20个反弹球呢，难道要定义x1、x2、x3，一直到x20？

不用担心，本章我们会用列表、面向对象编程的方法，轻松实现这一目标。

33.1　基于列表的多个小球反弹

弹跳小球需要记录圆心(x, y)坐标，速度vx、vy，直径d。为此，我们需要构建列表ball = [x, y, vx, vy, d]来存储小球的这些信息，将第32章的代码调整为：

33-1-1.py

```
1  from turtle import *  # 导入turtle库
2  import time  # 导入时间库
3
4  h = 400  # 窗口高度
5  w = 600  # 窗口宽度
6  setup(width=w, height=h)  # 设置绘图窗口大小
7  hideturtle()  # 隐藏海龟形状
8  x = 0  # 小球x坐标
```

```
9    y = 0  # 小球y坐标
10   vx = 4  # 小球x方向速度
11   vy = 3  # 小球y方向速度
12   d = 50  # 小球直径
13   ball = [x, y, vx, vy, d]  # 存储小球数据的列表
14
15   def draw():  # 自定义函数绘制
16       color('red')  # 设为红色
17       penup()  # 抬笔
18       goto(ball[0], ball[1])  # 移动到坐标位置
19       pendown()  # 落笔
20       dot(ball[4])  # 画一个直径为ball_d的实心圆圈
21
22   def update():  # 自定义函数更新
23       # 碰到左右边界反弹
24       if ball[0] >= w/2-ball[4]/2 or ball[0] <= -w/2+ball[4]/2:
25           ball[2] = -ball[2]
26       # 碰到上下边界反弹
27       if ball[1] >= h/2-ball[4]/2 or ball[1] <= -h/2+ball[4]/2:
28           ball[3] = -ball[3]
29       # 根据速度更新小球坐标
30       ball[0] = ball[0]+ball[2]
31       ball[1] = ball[1]+ball[3]
32
33   while True:  # 循环重复执行
34       tracer(False)  # 隐藏绘图轨迹
35       clear()  # 清屏
36       draw()  # 绘制
37       update()  # 更新
38       tracer(True)  # 显示绘图效果
39       time.sleep(0.01)  # 暂停0.01秒
```

对于列表ball，ball[0]=x、ball[1]=y、ball[2]=vx、ball[3]=vy、ball[4]=d，运行后得到了一个反弹的小球，如图33-1所示。

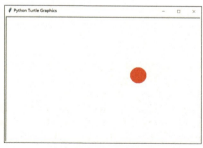

图 33-1

列表的元素也可以是列表。比如，要记录一个小球的圆心位置，可以定义列表ball1记录其x、y坐标，然后再把ball1作为元素添加总列表balls中：

33-1-2.py

```
1    ball1 = [1, 6]  # 小球0的x, y坐标，也是一个列表
2    ball2 = [2, 3]  # 小球1的x, y坐标，也是一个列表
3    ball3 = [4, 5]  # 小球2的x, y坐标，也是一个列表
4    balls = []      # 空列表
5    # 将三个小球的位置列表，作为元素添加到balls中
6    balls.append(ball1)
7    balls.append(ball2)
8    balls.append(ball3)
9    # 输出列表balls中所有小球的x, y坐标
10   for ball in balls:
11       print(ball[0], ball[1])
```

将balls初始化为空列表，然后使用append()函数添加3个小球ball1、ball2和ball3的信息，利用for语句可以输出balls中所有小球的信息：

进一步，利用随机函数生成直径、位置、速度随机的小球，将这些信息存储在列表ball中；利用for循环生成20个随机小球，把相应的ball都添加到列表balls中。

在draw()函数中，利用for循环对列表balls中存储的每一个小球进行绘制；在update()函数中，利用for循环更新列表balls中存储的每一个小球的位置和速度信息。这样，就用列表实现了多个反弹球：

33-1-3.py

```
1    from turtle import *  # 导入turtle库
2    import time  # 导入时间库
3    import random  # 导入随机库
4
5    h = 400  # 窗口高度
6    w = 600  # 窗口宽度
7    balls = []  # 存储所有小球的信息，初始化为空列表
8    for i in range(20):  # 随机生成20个小球
9        d = random.randint(20, 60)  # 小球直径
10       x = random.randint(-w//2+d//2, w//2-d//2)  # 小球x坐标
11       y = random.randint(-h//2+d//2, h//2-d//2)  # 小球y坐标
12       vx = random.randint(2, 6)  # 小球x方向速度
13       vy = random.randint(1, 4)  # 小球y方向速度
14       ball = [x, y, vx, vy, d]  # 存储当前小球数据的列表
15       balls.append(ball)  # 把i号小球信息添加到balls列表中
16
17   def draw():  # 自定义函数，绘制
```

```
18      for ball in balls:  # 对所有小球遍历
19          color('red')  # 设为红色
20          penup()  # 抬笔
21          goto(ball[0], ball[1])  # 移动到坐标位置
22          pendown()  # 落笔
23          dot(ball[4])  # 画一个设定直径的实心圆圈
24
25  def update():  # 自定义函数更新
26      for ball in balls:  # 对所有小球遍历
27          # 碰到左右边界反弹
28          if ball[0] >= w/2-ball[4]/2 or ball[0] <= -w/2+ball[4]/2:
29              ball[2] = -ball[2]
30          # 碰到上下边界反弹
31          if ball[1] >= h/2-ball[4]/2 or ball[1] <= -h/2+ball[4]/2:
32              ball[3] = -ball[3]
33          # 根据速度更新小球坐标
34          ball[0] = ball[0]+ball[2]
35          ball[1] = ball[1]+ball[3]
36
37  hideturtle()  # 隐藏海龟形状
38  setup(width=w, height=h)  # 设置绘图窗口大小
39  while True:  # 循环重复执行
40      tracer(False)  # 隐藏绘图轨迹
41      clear()  # 清屏
42      draw()  # 绘制
43      update()  # 更新
44      tracer(True)  # 显示绘图效果
45      time.sleep(0.01)  # 暂停0.01秒
```

运行上述程序，效果如图33-2所示。

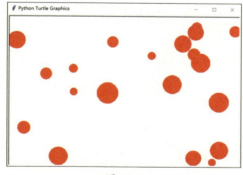

图 33-2

33.2　面向对象版本的反弹球

在33.1节中，我们利用列表记录小球的所有信息，导致程序的可读性较

差。比如，下面这段代码，很难理解 ball[i] 具体存储小球的哪个参数：

```
if ball[0] >= w/2-ball[4]/2 or ball[0] <= -w/2+ball[4]/2:
    ball[2] = -ball[2]
```

针对这一问题，我们可以利用面向对象的方法，首先定义一种名为"类"的数据类型：

```
class Ball:  # 小球类
    x = 0   # 小球x坐标
    y = 0   # 小球y坐标
    vx = 4  # 小球x方向速度
    vy = 3  # 小球y方向速度
    d = 50  # 小球直径
```

关键词 class 是"类"的英文单词，Ball 是类的名字，冒号后面是类的成员变量。定义了 Ball 类后，我们就可以用 Ball() 来定义一个对象：

```
ball = Ball()
```

ball 可以理解为一种 Ball 类型的变量，可以通过如下形式访问 ball 的成员变量：

```
print(ball.x)
ball.vy = 3
```

利用类和对象的知识，我们可以修改 33-1-1.py，使代码的可读性得到明显提升：

33-2-1.py

```
1   from turtle import *  # 导入turtle库
2   import time  # 导入时间库
3
4   h = 400  # 窗口高度
5   w = 600  # 窗口宽度
6
7   class Ball:  # 小球类
8       x = 0   # 小球x坐标
9       y = 0   # 小球y坐标
10      vx = 4  # 小球x方向速度
11      vy = 3  # 小球y方向速度
12      d = 50  # 小球直径
13
14  ball = Ball()  # 定义小球对象
15
16  def draw():  # 自定义函数，绘制
17      color('red')  # 设为红色
18      penup()  # 抬笔
19      goto(ball.x, ball.y)  # 移动到坐标位置
```

```
20          pendown()  # 落笔
21          dot(ball.d)  # 画一个直径为ball_d的实心圆圈
22
23   def update():  # 自定义函数更新
24          # 碰到左右边界反弹
25          if ball.x >= w/2-ball.d/2 or ball.x <= -w/2+ball.d/2:
26              ball.vx = -ball.vx
27          # 碰到上下边界反弹
28          if ball.y >= h/2-ball.d/2 or ball.y <= -h/2+ball.d/2:
29              ball.vy = -ball.vy
30          # 根据速度更新小球坐标
31          ball.x = ball.x+ball.vx
32          ball.y = ball.y+ball.vy
33
34   hideturtle()  # 隐藏海龟形状
35   setup(width=w, height=h)  # 设置绘图窗口大小
36   while True:  # 循环重复执行
37          tracer(False)  # 隐藏绘图轨迹
38          clear()  # 清屏
39          draw()  # 绘制
40          update()  # 更新
41          tracer(True)  # 显示绘图效果
42          time.sleep(0.01)  # 暂停0.01秒
```

除了在类中存放成员变量，我们也可以定义成员函数，如将与小球密切相关的绘制功能定义为小球类的成员函数draw()：

```
class Ball:  # 小球类

    def draw(self):  # 成员函数，绘制
        color('red')  # 设为红色
        penup()  # 抬笔
        goto(self.x, self.y)  # 移动到坐标位置
        pendown()  # 落笔
        dot(self.d)  # 画一个直径为ball_d的实心圆圈
```

self为成员函数的默认参数，成员函数内部可通过self.x的形式访问成员变量。定义了对象后，调用对象成员函数的格式，与访问成员变量类似：

```
ball.draw()  # 绘制小球
```

同样，小球的速度、位置更新功能，也可以定义到Ball的成员函数update()中。将和小球密切相关的数据（变量）、方法（函数）封装在一起，可使程序可读性更好，也更符合人们的认知习惯。

33-2-2.py

```
1    from turtle import *  # 导入turtle库
2    import time  # 导入时间库
```

171

```
3
4    class Ball:  # 小球类
5        x = 0  # 小球x坐标
6        y = 0  # 小球y坐标
7        vx = 4  # 小球x方向速度
8        vy = 3  # 小球y方向速度
9        d = 50  # 小球直径
10
11       def draw(self):  # 成员函数，绘制
12           color('red')  # 设为红色
13           penup()  # 抬笔
14           goto(self.x, self.y)  # 移动到坐标位置
15           pendown()  # 落笔
16           dot(self.d)  # 画一个直径为ball_d的实心圆圈
17
18       def update(self):  # 成员函数，更新
19           # 碰到左右边界反弹
20           if self.x >= w/2-self.d/2 or self.x <= -w/2+self.d/2:
21               self.vx = -self.vx
22           # 碰到上下边界反弹
23           if self.y >= h/2-self.d/2 or self.y <= -h/2+self.d/2:
24               self.vy = -self.vy
25           # 根据速度更新小球坐标
26           self.x = self.x+self.vx
27           self.y = self.y+self.vy
28
29   ball = Ball()  # 定义小球对象
30   h = 400  # 窗口高度
31   w = 600  # 窗口宽度
32
33   hideturtle()  # 隐藏海龟形状
34   setup(width=w, height=h)  # 设置绘图窗口大小
35   while True:  # 循环重复执行
36       tracer(False)  # 隐藏绘图轨迹
37       clear()  # 清屏
38       ball.draw()  # 绘制
39       ball.update()  # 更新
40       tracer(True)  # 显示绘图效果
41       time.sleep(0.01)  # 暂停0.01秒
```

　　类有一个特殊的成员函数，叫作构造函数，一般用于初始化成员变量的值。其在创建对象时自动调用，函数名为 __init__()（注意init的左右各有两个下划线）：

```
class Ball:  # 小球类
    # 使用构造函数传递参数对对象初始化
    def __init__(self, x, y, vx, vy, d):
        self.x = x  # 小球x坐标
        self.y = y  # 小球y坐标
```

```
self.vx = vx   # 小球x方向速度
self.vy = vy   # 小球y方向速度
self.d = d   # 小球直径
```

构造函数括号内接收的参数self是自身的意思，内部的赋值语句self.x = x表示把参数x的值赋给对象自己的成员变量x。定义好构造函数后，可以采用下面的形式来初始化对象：

```
ball = Ball(0, 0, 4, 3, 50)   # 初始化小球对象
```

用构造函数来初始化对象的完整代码可参看33-2-3.py。

将多个随机小球对象添加到列表中，即可实现面向对象版本的多球反弹。相比33-1-3.py全部用列表实现的方法，33-2-3.py实现思路更清晰、代码可读性更好。

33-2-3.py

```
1    from turtle import *   # 导入turtle库
2    import time   # 导入时间库
3    import random   # 导入随机库
4
5    h = 400   # 窗口高度
6    w = 600   # 窗口宽度
7    balls = []   # 存储所有小球的信息
8
9    class Ball:   # 小球类
10       # 使用构造函数传递参数对对象初始化
11       def __init__(self, x, y, vx, vy, d):
12           self.x = x   # 小球x坐标
13           self.y = y   # 小球y坐标
14           self.vx = vx   # 小球x方向速度
15           self.vy = vy   # 小球y方向速度
16           self.d = d   # 小球直径
17
18       def draw(self):   # 成员函数，绘制
19           color('red')   # 设为红色
20           penup()   # 抬笔
21           goto(self.x, self.y)   # 移动到坐标位置
22           pendown()   # 落笔
23           dot(self.d)   # 画一个直径为ball_d的实心圆圈
24
25       def update(self):   # 成员函数，更新
26           # 碰到左右边界反弹
27           if self.x >= w/2-self.d/2 or self.x <= -w/2+self.d/2:
28               self.vx = -self.vx
29           # 碰到上下边界反弹
```

```
30          if self.y >= h/2-self.d/2 or self.y <= -h/2+self.d/2:
31              self.vy = -self.vy
32          # 根据速度更新小球坐标
33          self.x = self.x+self.vx
34          self.y = self.y+self.vy
35
36  for i in range(20):  # 随机生成多个小球
37      d = random.randint(20, 60)  # 小球直径
38      x = random.randint(-w//2+d//2, w//2-d//2)  # 小球x坐标
39      y = random.randint(-h//2+d//2, h//2-d//2)  # 小球y坐标
40      vx = random.randint(2, 6)  # 小球x方向速度
41      vy = random.randint(1, 4)  # 小球y方向速度
42      ball = Ball(x, y, vx, vy, d)  # 存储当前小球数据的对象
43      balls.append(ball)  # 把i号小球信息添加到balls列表中
44
45  hideturtle()  # 隐藏海龟形状
46  setup(width=w, height=h)  # 设置绘图窗口大小
47  while True:  # 循环重复执行
48      tracer(False)  # 隐藏绘图轨迹
49      clear()  # 清屏
50      for ball in balls:
51          ball.draw()  # 绘制
52          ball.update()  # 更新
53      tracer(True)  # 显示绘图效果
54      time.sleep(0.01)  # 暂停0.01秒
```

33.3　单击鼠标添加小球

turtle库还支持用户的鼠标交互。我们可以输入以下代码：

33-3-1.py

```
1  from turtle import *  # 导入turtle库
2
3  # 自定义函数，接收参数为鼠标位置处x,y坐标
4  def fun(x, y):
5      print('鼠标左键点击位置：',x,' ',y)
6
7  # 当鼠标点击左键时，调用fun函数
8  onscreenclick(fun)
9  done()  # 绘制结束
```

其中，onscreenclick(fun)用于绑定函数fun()到鼠标单击屏幕事件。如果用户在界面上点击鼠标左键，则会执行fun()函数。自定义函数采用def fun(x, y):的形式，接收参数为鼠标位置处的x、y坐标。

在窗口上不同位置单击鼠标左键，就会有相应的鼠标位置坐标输出到控制台。运行上述程序，其输入和输出如下：

```
鼠标左键点击位置：  -12.0    44.0
鼠标左键点击位置：  -57.0   -13.0
鼠标左键点击位置：  -57.0   -13.0
鼠标左键点击位置：  -18.0    81.0
```

以下代码可以实现一个鼠标单击画线的程序：

33-3-2.py

```python
1  from turtle import *  # 导入turtle库
2
3  # 自定义函数，接收参数为鼠标位置处x,y坐标
4  def draw(x, y):
5      goto(x, y) # 移动到(x,y)位置
6
7  # 当鼠标点击左键时，调用draw函数
8  onscreenclick(draw)
9  done()   # 绘制结束
```

运行上述程序，效果如图33-3所示。

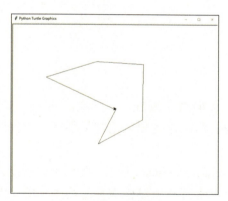

图 33-3

接下来，我们定义函数addBall(x, y)，用于在(x,y)处添加一个随机小球：

```python
# 鼠标点击后，在鼠标对应位置(x,y)处新增加一个随机小球
def addBall(x, y):
    d = random.randint(20, 60)   # 小球直径
    vx = random.randint(-6, 6)   # 小球x方向速度
    vy = random.randint(1, 4)    # 小球y方向速度
    ball = Ball(x, y, vx, vy, d)  # 存储当前小球数据的对象
    balls.append(ball)  # 把小球信息添加到balls列表中
```

再用onscreenclick(addBall)把addBall函数注册到鼠标单击屏幕事件：

```
onscreenclick(addBall)    # 点击鼠标左键后，执行addBall函数
```

这样就可以实现单击鼠标添加反弹小球的效果。完整代码参见配套资源中的33-3-3.py。

【练习33-1】尝试编写代码，实现图33-4所示的鼠标交互的随机颜色多球反弹。

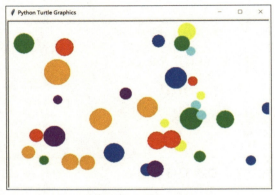

图 33-4

33.4　小结

本章主要介绍了面向对象编程，包括类和对象、成员变量、成员函数、构造函数等概念，我们利用这些知识改进了小球反弹程序，并结合列表实现了多个反弹球。

利用海龟绘图的onscreenclick()方法，我们可以让用户和程序进行更直观的鼠标交互。你也可以尝试开发鼠标交互的绘图功能，实现更加自然的互动效果。

第 34 章　见缝插针

在本章中，我们将实现见缝插针的游戏，如图34-1所示：单击鼠标左键，发射一根针到圆盘上；所有发射的针跟着圆盘转动；如果新发射的针碰到已有的针，则游戏结束。

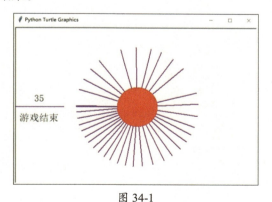

图 34-1

34.1　旋转的针

我们先定义函数drawBackground()，用于在窗口的正中心绘制一个半径为

50像素的空心圆圈；然后定义描述针的Needle类，成员变量angle存储针的角度，并初始化为180；成员函数draw()中绘制相应角度的线段。如图34-2所示。

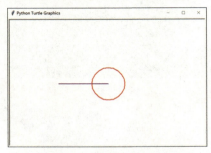

图 34-2

代码如下：

34-1-1.py

```
1   from turtle import *  # 导入turtle库
2   import time  # 导入time库
3
4   # 定义函数，绘制圆盘等游戏背景图形
5   def drawBackground():
6       # 绘制画面中间的红色空心圆盘
7       penup()  # 抬笔
8       goto(0, -50)  # 移到画面中心下方
9       setheading(0)  # 面朝右
10      pendown()  # 落笔
11      color('red')  # 设为红色
12      circle(50)  # 绘制半径50的空心圆
13
14  class Needle:  # 针类
15      angle = 180  # 成员变量，针的角度
16
17      def draw(self):  # 成员函数，绘制
18          color('purple')  # 紫色
19          pensize(2)  # 粗细
20          penup()  # 抬笔
21          goto(0, 0)  # 移动画面中心
22          setheading(self.angle)  # 设定方向
23          pendown()  # 落笔
24          forward(150)  # 前进
25
26  hideturtle()  # 隐藏海龟形状
27  setup(width=600, height=400)  # 设置绘图窗口大小
28  needle = Needle()  # 针对象
29
30  while True:  # 循环执行
31      tracer(False)  # 隐藏绘图过程
32      clear()  # 清屏
```

```
33      needle.draw() # 针绘制
34      drawBackground() # 绘制游戏背景图片
35      tracer(True)  # 显示绘图过程
36      time.sleep(0.01)  # 暂停0.1秒
37
38  done() # 绘制结束
```

为Needle类添加成员函数update()，让针的旋转角度angle逐渐增加，即可使针不断旋转，如图34-3所示。

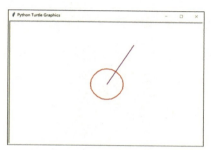

图 34-3

34-1-2.py（其他代码同 34-1-1.py）

```
14  class Needle: # 针类
15      angle = 180 # 成员变量，针的角度
16
17      def draw(self):  # 成员函数，绘制
18          color('purple') # 紫色
19          pensize(2) # 粗细
20          penup() # 抬笔
21          goto(0, 0) # 移动画面中心
22          setheading(self.angle) # 设定方向
23          pendown() # 落笔
24          forward(150) # 前进
25
26      def update(self):  # 成员函数，更新
27          # 角度不断增加
28          self.angle = self.angle + 1
29
30  hideturtle()  # 隐藏海龟形状
31  setup(width=600, height=400)  # 设置绘图窗口大小
32  needle = Needle() # 针对象
33
34  while True:  # 循环执行
35      tracer(False)  # 隐藏绘图过程
36      clear()  # 清屏
37      needle.update() # 针更新
38      needle.draw() # 针绘制
39      drawBackground() # 绘制游戏背景图片
```

```
40    tracer(True)   # 显示绘图过程
41    time.sleep(0.01)   # 暂停0.1秒
42
43  done() # 绘制结束
```

　　进一步，定义列表needles存储所有针的信息，并把在0度～360度中均匀分布的多根针添加到列表中。在while循环中更新、绘制needles中的所有针，即可实现同时旋转的多根针，效果如图34-4所示。

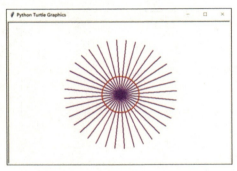

图 34-4

34-1-3.py（其他代码同34-1-2.py）

```
32  needles = []   # 存储所有针的信息
33  for a in range(0,360,10):
34      newNeedle = Needle() # 新建一根针
35      newNeedle.angle = a # 设定新针的角度
36      needles.append(newNeedle) # 把新增添加到针列表中
37
38  while True:   # 循环执行
39      tracer(False)   # 隐藏绘图过程
40      clear()   # 清屏
41      for needle in needles: # 对所有针遍历
42          needle.update() # 更新
43          needle.draw() # 绘制
44      drawBackground() # 绘制游戏背景图片
45      tracer(True)   # 显示绘图过程
46      time.sleep(0.01)   # 暂停0.1秒
47
48  done() # 绘制结束
```

34.2　针的发射

　　在本节中，我们定义函数addNeedle(x, y)，用于新建一根针添加到needles列表中：

```
# 鼠标点击后，增加一根针
def addNeedle(x, y):
    newNeedle = Needle()  # 新建一根针
    needles.append(newNeedle)  # 把新增添加到针列表中
```

再用onscreenclick(addNeedle)把addNeedle函数注册到鼠标单击屏幕事件：

```
onscreenclick(addNeedle)  # 点击鼠标左键后，执行函数
```

这样就实现了单击鼠标左键添加一根新针，效果如图34-5所示。完整的代码参见34-2-1.py。

接下来，我们进一步改进游戏效果，将圆盘调整为实心圆，并在左侧待发射区绘制一根针，如图34-6所示。

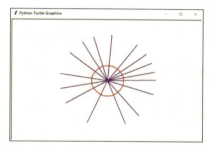

图 34-5

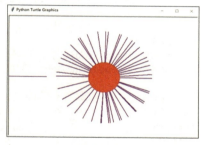

图 34-6

34-2-2.py

```
1   from turtle import *  # 导入turtle库
2   import time  # 导入时间库
3
4   # 定义函数，绘制圆盘等游戏背景图形
5   def drawBackground():
6       # 绘制画面中间的红色实心圆盘
7       penup()  # 抬笔
8       goto(0, 0)  # 移到画面中心
9       pendown()  # 落笔
10      color('red')  # 设为红色
11      dot(100)  # 绘制直径100的实心圆
12      # 绘制左侧待发射区域的一根针
13      penup()  # 抬笔
14      goto(-300, 0)  # 移到针的起点
15      color('purple')  # 紫色
16      pensize(2)  # 画笔粗细
17      pendown()  # 落笔
18      goto(-180, 0)  # 移到针的终点
19
20  class Needle:  # 针类
```

```
21        angle = 180 # 成员变量，针的角度
22
23    def draw(self):  # 成员函数，绘制
24        color('purple') # 紫色
25        pensize(2) # 粗细
26        penup() # 抬笔
27        goto(0, 0) # 移动画面中心
28        setheading(self.angle) # 设定方向
29        pendown() # 落笔
30        forward(50) # 前进到圆盘边界
31        pendown() # 落笔
32        forward(100) # 前进100
33
34    def update(self):  # 成员函数，更新
35        # 角度不断增加
36        self.angle = self.angle + 1
37
38 # 鼠标点击后，增加一根针
39 def addNeedle(x, y):
40     newNeedle = Needle() # 新建一根针
41     needles.append(newNeedle) # 把新增添加到针列表中
42
43 hideturtle()  # 隐藏海龟形状
44 setup(width=600, height=400)  # 设置绘图窗口大小
45 needles = []  # 存储所有针的信息
46 onscreenclick(addNeedle)  # 点击鼠标左键后，执行函数
47
48 while True:  # 循环执行
49     tracer(False)  # 隐藏绘图过程
50     clear()  # 清屏
51     for needle in needles: # 对所有针遍历
52         needle.update() # 更新
53         needle.draw() # 绘制
54     drawBackground() # 绘制游戏背景图片
55     tracer(True)  # 显示绘图过程
56     time.sleep(0.01)  # 暂停0.1秒
57
58 done() # 绘制结束
```

34.3　结束判定与得分显示

由于旋转一整圈为360度，因此对于角度angle，setheading(angle)和setheading(360 + angle)的朝向是一致的。通过取余运算把旋转角度范围设定为[0,360)，setheading(angle % 360)和setheading(angle)的朝向也一样。如图34-7所示。

setheading(angle)   setheading(360 + angle)   setheading(angle % 360)

图 34-7

在Needle类的update()成员函数中，设定针的角度变化为self.angle = (self.angle + 1) % 360，即可让针不断旋转，且角度始终不超过360度，便于后面比较不同针的角度。

定义变量gameOver记录是否游戏结束，并将其初始化为False。对列表needles中的所有针进行遍历，如果新创建的针newNeedle和needles中任意一根针needle的角度较接近，则设定gameOver = True，表示游戏结束。

在函数addNeedle()中和函数外的while循环中，设定当gameOver为真时，结束运行。效果如图34-8所示。

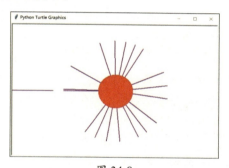

图 34-8

34-3-1.py

```python
1    from turtle import *  # 导入turtle库
2    import time  # 导入time库
3
4    # 定义函数，绘制圆盘等游戏背景图形
5    def drawBackground():
6        # 绘制画面中间的红色实心圆盘
7        penup() # 抬笔
8        goto(0, 0) # 移到画面中心
9        pendown() # 落笔
10       color('red') # 设为红色
11       dot(100) # 绘制直径100的实心圆
12       # 绘制左侧待发射区域的一根针
13       penup()  # 抬笔
14       goto(-300, 0) # 移到针的起点
15       color('purple') # 紫色
16       pensize(2) # 画笔粗细
17       pendown() # 落笔
```

```
18        goto(-180, 0) # 移到针的终点
19
20  class Needle: # 针类
21      angle = 180 # 成员变量，针的角度
22
23      def draw(self):  # 成员函数，绘制
24          color('purple') # 紫色
25          pensize(2) # 粗细
26          penup() # 抬笔
27          goto(0, 0) # 移动画面中心
28          setheading(self.angle) # 设定方向
29          forward(50) # 前进到圆盘边界
30          pendown() # 落笔
31          forward(100) # 前进100
32
33      def update(self):  # 成员函数，更新
34          # 角度不断增加，并取余360
35          self.angle = (self.angle + 1) % 360
36
37  # 鼠标点击后，增加一根针
38  def addNeedle(x, y):
39      global gameOver # 全局变量
40      if gameOver: # 如果游戏结束状态，则函数直接返回
41          return
42      newNeedle = Needle() # 新建一根针
43
44      for needle in needles: # 对所有针遍历
45          # 如果新增的角度和已有针角度接近
46          if abs(needle.angle-newNeedle.angle) < 4:
47              gameOver = True # 游戏结束
48              newNeedle.draw() # 绘制下新针
49
50      needles.append(newNeedle) # 把新增添加到针列表中
51
52  hideturtle()  # 隐藏海龟形状
53  setup(width=600, height=400)  # 设置绘图窗口大小
54  needles = []  # 存储所有针的信息
55  onscreenclick(addNeedle)  # 点击鼠标左键后，执行函数
56  gameOver = False # 初始不是游戏结束状态
57
58  while not gameOver:  # 当没有游戏结束时，循环执行
59      tracer(False)  # 隐藏绘图过程
60      clear()  # 清屏
61      for needle in needles: # 对所有针遍历
62          needle.update() # 更新
63          needle.draw() # 绘制
64      drawBackground() # 绘制游戏背景图片
65      tracer(True)  # 显示绘图过程
66      time.sleep(0.01)  # 暂停0.1秒
67
68  done() # 绘制结束
```

利用turtle库的write()函数，我们还可以在窗口中输出文字，如图34-9所示。

34-3-2.py

```
1   from turtle import *  # 导入turtle库
2   setup(width=800, height=400)  # 设置绘图窗口大小
3   color('blue')  # 蓝色
4   # 在窗口中输出文字
5   write('Python海龟绘图真好玩', align="center", font=("宋体", 40))
6   done()   # 绘制结束
```

write()函数中，'Python海龟绘图真好玩'为要输出到窗口中的字符串，align="center"表示文字对齐方式为居中对齐，font=("宋体", 40)设置文字为40号的宋体（字号数字越大、文字越大）。

利用write()函数，我们可以在游戏窗口中输出得分（已发射针的个数），并在游戏结束时，输出对应的提示文字信息。如此即实现了一个相对完善的见缝插针游戏，如图34-10所示。

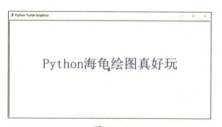

图 34-9

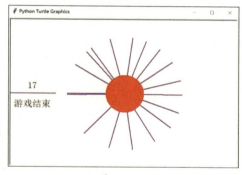

图 34-10

34-3-3.py（其他代码同34-3-2.py）

```
4    # 定义函数，绘制一些游戏背景图形、文字
5    def drawBackground():
6        # 绘制画面中间的红色实心圆盘
7        penup() # 抬笔
8        goto(0, 0) # 移到画面中心
9        pendown() # 落笔
10       color('red') # 设为红色
11       dot(100) # 绘制直径100的实心圆
12       # 绘制左侧待发射区域的一根针
13       penup()  # 抬笔
14       goto(-300, 0) # 移到针的起点
15       color('purple') # 紫色
16       pensize(2) # 画笔粗细
```

```
17    pendown() # 落笔
18    goto(-180, 0) # 移到针的终点
19    # 显示得分文字
20    color('black') # 黑色
21    n = str(len(needles)) # 针的个数
22    penup() # 抬笔
23    goto(-240, 10) # 移动到位置
24    write(n, align="center", font=("宋体", 18)) # 显示文字
25    # 显示游戏结束提示信息
26    if gameOver: # 如果游戏结束
27        penup() # 抬笔
28        goto(-240, -40) # 移到位置
29        color('black') # 黑色
30        # 显示结束文字
31        write('游戏结束', align="center", font=("宋体", 18))
```

【练习34-1】利用datetime库，我们可以得到当前时间时、分、秒的数值。尝试编写代码，绘制出图34-11所示的实时时钟。部分参考代码如下：

```
from datetime import datetime # 导入日期时间库
td = datetime.today() # 获得今天时间
second = td.second # 当前秒
minute = td.minute # 当前分
hour = td.hour # 当前时
print(hour,minute,second) # 输出当前时、分、秒
```

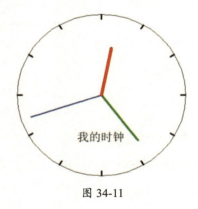

我的时钟

图 34-11

34.4　小结

　　本章利用面向对象的方法，从零开始逐步实现了见缝插针的游戏。你也可以参考本章的开发思路，尝试设计并分步骤实现一个射箭类的小游戏。

第 35 章　飞翔的小鸟

本章我们将实现飞翔的小鸟游戏，玩家通过鼠标左键控制小鸟躲避水管障碍物，效果如图 35-1 所示。

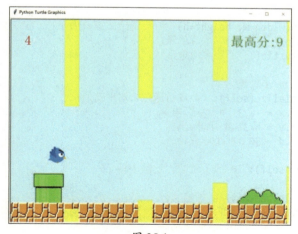

图 35-1

35.1　小鸟类

首先用一个小球代表小鸟。定义 Bird 类，成员变量包括圆心坐标(x,y)、直径 d。成员函数 initialize() 初始化小鸟位置为画面的左上角，draw() 函数绘制一个白色实心圆。效果如图 35-2 所示。

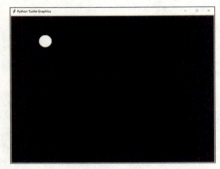

图 35-2

代码如下：

35-1-1.py

```
1   import turtle  # 导入turtle库
2   import time  # 导入time库
3   import random  # 导入random库
4
5   h = 600  # 窗口高度
6   w = 800  # 窗口宽度
7   turtle.setup(width=w, height=h)  # 设置绘图窗口大小
8   turtle.bgcolor('black')  # 背景黑色
9   turtle.hideturtle()  # 隐藏海龟形状
10
11  class Bird:  # 小鸟类
12      def initialize(self):  # 成员函数，对象初始化
13          self.x = -w/3  # 小球x坐标
14          self.y = h/3  # 小球y坐标
15          self.d = 50  # 小球直径
16
17      def draw(self):  # 成员函数，绘制小鸟
18          # 绘制小鸟
19          turtle.penup()  # 抬笔
20          turtle.goto(self.x, self.y)  # 移动到小鸟位置
21          turtle.pendown()  # 落笔
22          turtle.color('white')  # 白色
23          turtle.dot(self.d)  # 画一个直径为d的实心圆圈
24
25  bird = Bird()  # 创建小鸟对象
```

```
26    bird.initialize()  # 小鸟对象初始化
27
28    while True:  # 循环重复执行
29        turtle.tracer(False)  # 隐藏绘图中间过程
30        turtle.clear()  # 清屏
31        bird.draw()  # 绘制小鸟
32        turtle.tracer(True)  # 显示绘图中间过程
33        time.sleep(0.01)  # 暂停0.01秒
```

进一步，添加成员变量 vy，记录小鸟 y 方向的速度。参考ex-32-2.py，实现一个受重力加速度 g 影响加速下落的小鸟。当小鸟碰到窗口底部时，调用 initialize()函数回到初始状态。代码如下：

35-1-2.py

```
1     import turtle  # 导入turtle库
2     import time  # 导入time库
3     import random  # 导入random库
4
5     h = 600  # 窗口高度
6     w = 800  # 窗口宽度
7     turtle.setup(width=w, height=h)  # 设置绘图窗口大小
8     turtle.bgcolor('black')  # 背景黑色
9     turtle.hideturtle()  # 隐藏海龟形状
10    g = -0.3  # 重力加速度
11
12    class Bird:  # 小鸟类
13        def initialize(self):  # 成员函数，对象初始化
14            self.x = -w/3  # 小球x坐标
15            self.y = h/3  # 小球y坐标
16            self.vy = 0  # 小球y方向速度
17            self.d = 50  # 小球直径
18
19        def draw(self):  # 成员函数，绘制小鸟
20            # 绘制小鸟
21            turtle.penup()  # 抬笔
22            turtle.goto(self.x, self.y)  # 移动到小鸟位置
23            turtle.pendown()  # 落笔
24            turtle.color('white')  # 白色
25            turtle.dot(self.d)  # 画一个直径为d的实心圆圈
26
27        def update(self):  # 成员函数，小鸟更新
28            # 根据重力加速度更新小球速度
29            self.vy = self.vy + g
30            # 根据速度更新小球y坐标
31            self.y = self.y+self.vy
32            # 碰到下边界时，小鸟状态重置
33            if self.y <= -h/2+self.d/2:
34                self.initialize()
35
```

```
36   bird = Bird()  # 创建小鸟对象
37   bird.initialize()  # 小鸟对象初始化
38
39   while True:  # 循环重复执行
40       turtle.tracer(False)  # 隐藏绘图中间过程
41       turtle.clear()  # 清屏
42       bird.draw()  # 绘制小鸟
43       turtle.tracer(True)  # 显示绘图中间过程
44       bird.update()  # 更新小鸟
45       time.sleep(0.01)  # 暂停0.01秒
```

添加成员函数flyUp(self, x, y)，设置小鸟 Y 方向的速度 vy 为 10，可以让小鸟向上飞：

```
class Bird:  # 小鸟类
    def flyUp(self, x, y):  # 成员函数，小鸟向上飞
        self.vy = 10  # 速度向上
```

用turtle.onscreenclick(bird.flyUp)把flyUp()函数注册到鼠标点击屏幕事件：

```
turtle.onscreenclick(bird.flyUp)  # 点击鼠标左键，小鸟向上飞
```

这样就实现了小鸟自动下落，按鼠标左键后让小鸟向上飞。完整代码参见35-1-3.py。

35.2　水管类

水管障碍物由上下两个方块组成，中间有固定高度的空隙，如图35-3所示。

在水平方向，定义width存储水管宽度、xLeft为水管左边界 x 坐标、xRight为水管右边界 x 坐标。

在垂直方向，定义gapHeight记录水管中间空隙的高度、yGapTop为水管空隙顶部的 y 坐标、yGapBottom为水管空隙底部的 y 坐标。

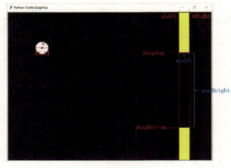

图 35-3

　　Pipe类的成员函数initialize()初始化水管在画面右侧，且随机设定上下管道间空隙的位置；draw()函数绘制两个黄色的填充矩形。代码如下：

35-2-1.py（其他代码同35-1-3.py）

```
39   class Pipe:  # 水管类
40       def initialize(self):  # 成员函数，对象初始化
41           self.width = 40  # 初始化宽度
42           self.gapHeight = h/2  # 中间空隙高度为画面高度一般
43           self.xLeft = w/3  # 开始水管在画面右端
44           self.xRight = w/3+self.width
45           # 设定随机空隙上、下位置
46           self.yGapTop = random.randint(20, h/2-20)
47           self.yGapBottom = self.yGapTop - self.gapHeight
48
49       def draw(self):  # 成员函数，绘制水管
50           turtle.color('yellow')  # 设为黄色
51           # 绘制上部水管填充矩形
52           turtle.penup()  # 抬笔
53           turtle.goto(self.xLeft, h/2)  # 移动到坐标位置
54           turtle.pendown()  # 落笔
55           turtle.begin_fill()  # 开始填充
56           turtle.goto(self.xRight, h/2)
57           turtle.goto(self.xRight, self.yGapTop)
58           turtle.goto(self.xLeft, self.yGapTop)
59           turtle.end_fill()  # 结束填充
60           # 绘制下部水管填充矩形
61           turtle.penup()  # 抬笔
62           turtle.goto(self.xLeft,self.yGapBottom)  #移到坐标位置
63           turtle.pendown()  # 落笔
64           turtle.begin_fill()  # 开始填充
65           turtle.goto(self.xRight, self.yGapBottom)
66           turtle.goto(self.xRight, -h/2)
67           turtle.goto(self.xLeft, -h/2)
68           turtle.end_fill()  # 结束填充
69
70   bird = Bird()  # 创建小鸟对象
71   bird.initialize()  # 小鸟对象初始化
72   turtle.onscreenclick(bird.flyUp)  # 点击鼠标左键，小鸟向上飞
73   pipe = Pipe()  # 创建水管对象
74   pipe.initialize()  # 水管对象初始化
75
76   while True:  # 循环重复执行
77       turtle.tracer(False)  # 隐藏绘图中间过程
78       turtle.clear()  # 清屏
79       pipe.draw()  # 绘制水管
80       bird.draw()  # 绘制小鸟
81       turtle.tracer(True)  # 显示绘图中间过程
82       bird.update()  # 更新小鸟
83       time.sleep(0.01)  # 暂停0.01秒
```

进一步，添加成员变量vx记录水管X轴方向的移动速度：

```
class Pipe:  # 水管类
    def initialize(self):  # 成员函数，对象初始化
        self.vx = -2  # 向左运动的速度
```

添加update()成员函数，让水管从右向左移动。当水管到达窗口最左边时，调用initialize()函数让水管在最右边重新出现：

```
class Pipe:  # 水管类
    def update(self):  # 成员函数，水管更新
        if self.xRight < -w/2:  # 如果到达最左边
            self.initialize()  # 初始化，在右边重新出现
        self.xLeft = self.xLeft + self.vx  # 水管逐渐向左移动
        self.xRight = self.xLeft + self.width
```

完整代码参见35-2-2.py。

35.3　碰撞检测与得分显示

小球b和水管发生碰撞存在4种边界情况，如图35-4所示。

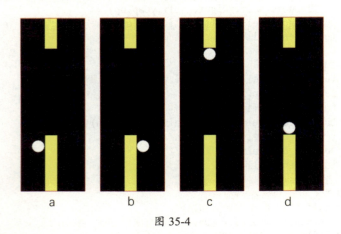

图 35-4

由图分析可知，小球和方块发生碰撞需同时满足以下3个条件。

- b.x+b.d/2>xLeft（小球最右边和水管最左边接触，如图35-4a所示）。
- b.x-b.d/2<xRight（小球最左边和水管最右边接触，如图35-4b所示）。
- b.y+b.d/2>yGapTop || b.y-b.d/2<yGapBottom（小球最上边和水管上半部接触，或者小球最下边和水管下半部接触，如图35-4c和图35-4d所示）。

修改Pipe类的更新函数为update(self, b)，判断小鸟和水管是否碰撞，调用小鸟的初始化函数b.initialize()让小鸟回到初始位置：

```python
class Pipe:  # 水管类
    def update(self, b):  # 成员函数，水管更新
        if self.xRight < -w/2:  # 如果跑到最左边
            self.initialize()  # 初始化，在右边重新出现
        self.xLeft = self.xLeft + self.vx  # 水管逐渐向左移动
        self.xRight = self.xLeft + self.width

        # 如果小鸟和水管碰撞
        if (b.x+b.d/2 > self.xLeft and
            b.x-b.d/2 < self.xRight and
            (b.y+b.d/2 > self.yGapTop or
             b.y-b.d/2 < self.yGapBottom)):
            b.initialize()  # 小鸟状态重置

while True:  # 循环重复执行
    pipe.update(bird)  # 更新水管状态
```

完整代码参见35-3-1.py。

为了进一步显示和统计得分，我们在Bird类中添加成员变量score记录游戏的得分，并将其初始化为0：

```python
class Bird:  # 小鸟类
    def initialize(self):  # 成员函数，对象初始化
        self.score = 0  # 得分初始为0
```

在Bird类的draw()函数中利用write()显示得分：

```python
class Bird:  # 小鸟类
    def draw(self):  # 成员函数，绘制小鸟和得分
        # 输出当前得分
        turtle.penup()  # 抬笔
        turtle.goto(-350, 220)  # 移到目标位置
        turtle.color('red')  # 红色
        turtle.write(str(self.score),
                     align="center", font=("宋体", 28))
```

在Pipe类的update()函数中，设定当水管移动到画面最左边时，小鸟得分加1；当水管碰到小鸟时，得分清零。

```python
class Pipe:  # 水管类
    def update(self, b):  # 成员函数，水管更新
        if self.xRight < -w/2:  # 如果移动到最左边
            self.initialize()  # 初始化，在右边重新出现
            b.score = b.score + 1  # 得分增加
        self.xLeft = self.xLeft + self.vx  # 水管逐渐向左移动
        self.xRight = self.xLeft + self.width

        # 如果小鸟和水管碰撞
        if (b.x+b.d/2 > self.xLeft and
```

```
b.x-b.d/2 < self.xRight and
(b.y+b.d/2 > self.yGapTop or
 b.y-b.d/2 < self.yGapBottom)):
b.score = 0  # 得分设为0
```

完整代码参见35-3-2.py。效果如图35-5所示。

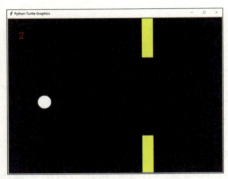

图 35-5

35.4　游戏完善与改进

通过定义列表pipes存储所有水管的信息，我们将水平均匀分布的多个水管对象添加到列表中，以进一步增加游戏的难度。效果如图35-6所示。

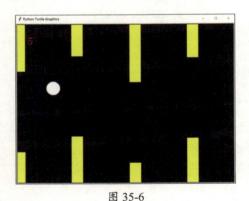

图 35-6

代码如下：

35-4-1.py

```
1    import turtle  # 导入turtle库
2    import time  # 导入time库
3    import random  # 导入random库
```

```
4
5    h = 600  # 窗口高度
6    w = 800  # 窗口宽度
7    turtle.setup(width=w, height=h)  # 设置绘图窗口大小
8    turtle.bgcolor('black')  # 背景黑色
9    turtle.hideturtle()  # 隐藏海龟形状
10   g = -0.3  # 重力加速度
11   pipeNum = 4  # 水管障碍物的个数
12
13   class Bird:  # 小鸟类
14       def initialize(self):  # 成员函数，对象初始化
15           self.x = -w/3  # 小球x坐标
16           self.y = h/3  # 小球y坐标
17           self.vy = 0  # 小球y方向速度
18           self.d = 50  # 小球直径
19           self.score = 0  # 得分初始为0
20
21       def draw(self):  # 成员函数，绘制小鸟和得分
22           # 绘制小鸟
23           turtle.penup()  # 抬笔
24           turtle.goto(self.x, self.y)  # 移动到小鸟位置
25           turtle.pendown()  # 落笔
26           turtle.color('white')  # 白色
27           turtle.dot(self.d)  # 画一个直径为d的实心圆圈
28           # 输出当前得分
29           turtle.penup()  # 抬笔
30           turtle.goto(-350, 220)  # 移到目标位置
31           turtle.color('red')  # 红色
32           turtle.write(str(self.score),
33                        align="center", font=("宋体", 28))
34
35       def update(self):  # 成员函数，小鸟更新
36           # 根据重力加速度更新小球速度
37           self.vy = self.vy + g
38           # 根据速度更新小球y坐标
39           self.y = self.y+self.vy
40           # 碰到上下边界时，小鸟状态重置
41           if self.y >= h/2-self.d/2 or self.y <= -h/2+self.d/2:
42               self.initialize()
43
44       def flyUp(self, x, y):  # 成员函数，小鸟向上飞
45           self.vy = 10  # 速度向上
46
47   class Pipe:  # 水管类
48       def initialize(self):  # 成员函数，对象初始化
49           self.width = 40  # 初始化宽度
50           self.gapHeight = h/2  # 中间空隙高度为画面高度一般
51           self.vx = -2  # 向左运动的速度
52           self.xLeft = w/2  # 开始水管在画面右端
```

```
53          self.xRight = w/2+self.width
54          # 设定随机空隙上、下位置
55          self.yGapTop = random.randint(20, h/2-20)
56          self.yGapBottom = self.yGapTop - self.gapHeight
57
58      def draw(self):  # 成员函数，绘制水管
59          turtle.color('yellow')  # 设为黄色
60          # 绘制上部水管填充矩形
61          turtle.penup()  # 抬笔
62          turtle.goto(self.xLeft, h/2)  # 移动到坐标位置
63          turtle.pendown()  # 落笔
64          turtle.begin_fill()  # 开始填充
65          turtle.goto(self.xRight, h/2)
66          turtle.goto(self.xRight, self.yGapTop)
67          turtle.goto(self.xLeft, self.yGapTop)
68          turtle.end_fill()  # 结束填充
69          # 绘制下部水管填充矩形
70          turtle.penup()  # 抬笔
71          turtle.goto(self.xLeft,self.yGapBottom)  #移到坐标位置
72          turtle.pendown()  # 落笔
73          turtle.begin_fill()  # 开始填充
74          turtle.goto(self.xRight, self.yGapBottom)
75          turtle.goto(self.xRight, -h/2)
76          turtle.goto(self.xLeft, -h/2)
77          turtle.end_fill()  # 结束填充
78
79      def update(self, b):  # 成员函数，水管更新
80          if self.xRight < -w/2:  # 如果移动到最左边
81              self.initialize()  # 初始化，在右边重新出现
82              b.score = b.score + 1  # 得分增加
83          self.xLeft = self.xLeft + self.vx  # 水管逐渐向左移动
84          self.xRight = self.xLeft + self.width
85
86          # 如果小鸟和水管碰撞
87          if (b.x+b.d/2 > self.xLeft and
88              b.x-b.d/2 < self.xRight and
89              (b.y+b.d/2 > self.yGapTop or
90               b.y-b.d/2 < self.yGapBottom)):
91              b.score = 0  # 得分设为0
92
93  bird = Bird()  # 创建小鸟对象
94  bird.initialize()  # 小鸟对象初始化
95  turtle.onscreenclick(bird.flyUp)  # 点击鼠标左键，小鸟向上飞
96
97  pipes = []  # 列表存储所有的水管障碍物
98  for i in range(pipeNum):
99      pipe = Pipe()  # 创建水管对象
100     pipe.initialize()  # 水管对象初始化
101     # 设定水管对象依次的水平位置
```

```
102     pipe.xLeft += i*(w+pipe.width)/pipeNum
103     pipe.xRight = pipe.xLeft + pipe.width
104     pipes.append(pipe)  # 添加pipe到水管列表
105
106 while True:  # 循环重复执行
107     turtle.tracer(False)  # 隐藏绘图中间过程
108     turtle.clear()  # 清屏
109     for pipe in pipes:  # 绘制所有水管
110         pipe.draw()
111     bird.draw()  # 绘制小鸟
112     turtle.tracer(True)  # 显示绘图中间过程
113     for pipe in pipes:  # 更新所有的水管状态
114         pipe.update(bird)
115     bird.update()  # 更新小鸟
116     time.sleep(0.01)  # 暂停0.01秒
```

turtle库还支持使用图片素材，读者可以将配套的图片文件和Python代码文件放在同一个目录下，如图35-7所示。

background.gif   bird.gif   代码.py

图 35-7

输入并运行以下代码，显示背景图片，在画笔处显示小鸟图片，如图35-8所示。代码如下：

35-4-2.py

```
1  import turtle  # 导入turtle库
2  h = 600  # 窗口高度
3  w = 800  # 窗口宽度
4  turtle.setup(width=w, height=h)  # 设置绘图窗口大小
5  turtle.bgpic("background.gif")  # 显示背景图片
6  birdImage = "bird.gif"  # 小鸟图片
7  turtle.addshape(birdImage)  # 把小鸟图片添加到画笔候选显示图形
8  turtle.shape(birdImage)  # 画笔显示为小鸟图片
9  turtle.showturtle()  # 显示画笔图形
10 turtle.done()  # 绘制结束
```

其中，turtle.bgpic("background.gif")可以将画面背景设置为括号内的图片文件。要让画笔处显示指定的图片，首先用addshape()把图片添加到候选图形，然后使用shape()设置对应的显示图形，最后使用showturtle()进行显示。

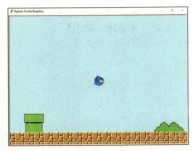

图 35-8

将35-4-1.py 中的小球替换为小鸟图片、黑色背景替换为图片背景，调整代码如下（完整代码参见35-4-3.py）：

```python
birdImage = "bird.gif"  # 小鸟图片
turtle.addshape(birdImage)  # 把小鸟图片添加到画笔候选显示图形

class Bird:  # 小鸟类
    def draw(self):  # 成员函数，绘制小鸟和得分
        # 输出当前得分
        turtle.penup()  # 抬笔
        turtle.goto(-350, 220)  # 移到目标位置
        turtle.color('red')  # 红色
        turtle.write(str(self.score),
                    align="center", font=("宋体", 28))
        # 绘制小鸟
        turtle.penup()  # 抬笔
        turtle.goto(self.x, self.y)  # 移动到小鸟位置
        turtle.pendown()  # 落笔
        turtle.shape(birdImage)  # 画笔显示为小鸟图片
        turtle.showturtle()  # 显示画笔图形

while True:  # 循环重复执行
    turtle.tracer(False)  # 隐藏绘图中间过程
    turtle.clear()  # 清屏
    turtle.bgpic("background.gif")  # 显示背景图片
```

运行上述代码，效果如图35-9所示。

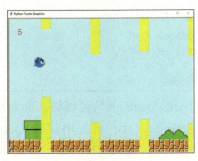

图 35-9

好的音效会为游戏增色不少，由于turtle库不支持声音的播放，我们可以利用Pygame Zero游戏开发库。海龟编辑器中已默认安装好该库（如图35-10所示），执行import pgzrun即可导入使用。

我们在代码所在目录新建sounds文件夹，拷入"game_music.wav"和"up.wav"文件。

程序开始运行时，使用sounds.game_music.play(-1)循环播放背景音乐"game_music.wav"：

```
sounds.game_music.play(-1)  # 循环播放背景音乐
```

当用户单击鼠标左键后，在Bird类的flyUp()函数中用sounds.up.play()播放一次"up.wav"音效。代码如下：

```
class Bird:  # 小鸟类
    def flyUp(self, x, y):  # 成员函数，小鸟向上飞
        sounds.up.play()  # 播放上飞音效
        self.vy = 10  # 速度向上
```

完整代码参见35-4-4.py。

【练习35-1】尝试增加记录与显示游戏最高分的功能，以增加游戏的挑战难度，如图35-11所示。

图 35-10

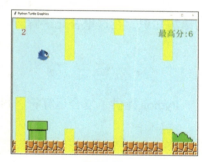

图 35-11

35.5　小结

本章利用面向对象的方法，从零开始逐步开发了飞翔的小鸟游戏。如果你对游戏开发特别感兴趣，也可以进一步学习Pygame、Pygame Zero等专门的游戏开发库，尝试用Python开发出更多酷炫的游戏。

附录 A 语法知识补充

Python语法知识繁杂，为了帮助初学者入门，本书正文略过了一些常用的语法知识，在这里补充讲解。

A.1 复合运算符

Python提供了复合运算符，可以减少代码量：

a-1-1.py

```
1  a = 5
2  a += 1
3  print(a)
```

其中，"+ ="为复合运算符，a += 1等价于a = a +1。

运行上述代码，输出结果如下：

6

同样，其他数学运算也有复合运算符的形式。请输入以下代码：

a-1-2.py

```
1   a = 2
2   a += 4
3   print(a)
4   a -= 3
5   print(a)
6   a *= 5
7   print(a)
8   a //= 2
9   print(a)
10  a %= 6
11  print(a)
12  a /= 2
13  print(a)
```

运行上述代码，输出如下：

A.2　区间判断

对于满分100分的整数考试成绩，得分80分～89分为良好。利用逻辑运算符，可以进行判断成绩是否良好：

a-2-1.py

```
1   score = int(input('请输入成绩：'))
2   if score>=80 and score<90:
3       print('良好')
```

判断一个数值是否在一个区间内是一个比较常见的操作，因此Python提供了一种更简洁的"区间判断"写法：

a-2-2.py

```
1   score = int(input('请输入成绩：'))
2   if 80<=score<90:
3       print('良好')
```

这种写法和数学上的写法比较接近。注意两边大于号或小于号的方向要一致。

利用这种区间判断的方法，以下代码判断一周中的某天是工作日还是休息日。

a-2-3.py

```
1   day = int(input('请输入星期数字（1-7）：'))
2   if 1<=day<=5:
3       print('工作日')
4   else:
5       print('休息日')
```

程序示例的输入和输出如下：

```
请输入星期数字（1-7）：6
休息日
```

A.3　元组

输入以下代码：

a-3-1.py

```
1   colors = ('red','green','blue')
2   print(colors)
3   for i in range(3):
4       print(colors[i])
```

运行上述代码，输出如下：

```
('red', 'green', 'blue')
red
green
blue
```

('red', 'green', 'blue')这种由圆括号内多个元素构成的数据类型，叫作元组。元组的使用方式和列表类似，可以利用print()整体输出，也可以利用for语句访问元组的每个元素。

同列表不同，元组定义后无法修改其元素值。元组适合存储不变的数据，可以避免后面代码中误修改其元素的值。

a-3-2.py

```
1   colors = ('red','green','blue')
2   colors[1] = 'yellow'
```

代码运行后，程序报错：

```
        colors[1] = 'yellow'
TypeError: 'tuple' object does not support item assignment
```

提示信息说明元组不支持修改元素的值。

回顾下 turtle 库中输出文字函数 write() 的用法，是不是我们之前已经应用过元组了：

```python
# 在窗口中输出文字
write('Python真好玩', align="center", font=("宋体", 40))
```

A.4　字典

假设小明考试成绩如下：数学 95 分、语文 98 分、英语 100 分，利用列表可以在 Python 中存储这些信息：

a-4-1.py

```python
1  scores = ['数学', 95, '语文', 98, '英语', 100]
2  print(scores)
3  print(scores[0])
4  print(scores[1])
```

运行上述代码，输出结果如下：

```
['数学', 95, '语文', 98, '英语', 100]
数学
95
```

列表和元组只能使用整数作为索引，能否利用 '数学' 等字符串作为索引，直接输出对应学科的成绩？输入并运行以下代码：

a-4-2.py

```python
1  scores = {'数学': 95, '语文': 98, '英语': 100}
2  print(scores)
3  print(scores['数学'])
```

其中 '数学' 是一个"键"，冒号后的 95 就是其对应的"值"。多组"键：值"对由逗号分隔，写在花括号之中，就定义了一个字典，取名为 scores。

我们可以通过 print(scores) 语句输出整个字典：

```
{'数学': 95, '语文': 98, '英语': 100}
```

也可以执行 print(scores['数学'])，通过特定的"键"访问字典对应的"值"：

和列表、元组不同，字典的"键"不仅可以是整数，也可以是任意数据类型常量。以下代码将省份字符串作为"键"、省会城市作为"值"，更符合人们的认知习惯：

a-4-3.py

```
1   names = {'江苏': '南京', '山东': '济南'}
2   print(names)
3   print(names['江苏'])
4   print(names['山东'])
```

运行上述代码，输出结果如下：

```
{'江苏': '南京', '山东': '济南'}
南京
济南
```

字典也可以进行修改与增加，以下代码将省会城市改成省的简称，并增加浙江省的信息：

a-4-4.py

```
1   names = {'江苏': '苏', '山东': '鲁'}
2   names['江苏'] = '苏'
3   names['山东'] = '鲁'
4   names['浙江'] = '浙'
5   print(names)
```

运行上述代码，输出结果如下：

```
{'江苏': '苏', '山东': '鲁', '浙江': '浙'}
```

A.5　循环跳转语句

可以利用break语句，跳出当前循环。输入以下代码：

a-5-1.py

```
1   for i in range(5):
2       if i == 2:
3           break
4       print(i)
```

运行上述代码，输出结果如下：

```
0
1
```

当i等于2时，执行break语句，跳出当前for循环，因此仅输出0、1两个数字。

continue语句表示跳过当次循环，循环语句继续运行。输入并运行以下代码：

a-5-2.py

```
1  for i in range(5):
2      if i == 2:
3          continue
4      print(i)
```

输出：

```
0
1
3
4
```

当i等于2时，执行continue语句，跳过当次for循环，继续运行下一次循环，因此输出0、1、3、4四个数字。

break与continue也可以用于while循环，输入以下代码：

a-5-3.py

```
1  i = 1
2  while True:
3      if i > 3:
4          break
5      print(i)
6      i += 1
```

运行上述代码，输出结果如下：

```
1
2
3
```

A.6 常见错误与调试

当编写的程序运行错误时，代码编辑器会高亮出错的行，并且在控制台输出更详细的提示信息。以下为初学者常犯的一些语法错误。

（1）变量未定义。示例如下：

a-6-1.py

```
1   i = 10
2   print(j)
```

运行上述代码，输出结果如下：

```
Traceback (most recent call last):
  File "C:\Users\tongj\AppData\Local\Temp\codemao-Qd0UgY/temp.py", line 2, in <module>
    print(j)
NameError: name 'j' is not defined
```

（2）使用中文标点符号。示例如下：

a-6-2.py

```
1   s = 'Python'
2   print(s)
```

运行上述代码，输出结果如下：

```
  File "C:\Users\tongj\AppData\Local\Temp\codemao-U1RWEO/temp.py", line 1
    s = 'Python'
       ^
SyntaxError: invalid character in identifier
```

（3）大小写错误。示例如下：

a-6-3.py

```
1   x = Int(3.14)
```

运行上述代码，输出结果如下：

```
Traceback (most recent call last):
  File "C:\Users\tongj\AppData\Local\Temp\codemao-0pQvNW/temp.py", line 1, in <module>
    x = Int(3.14)
NameError: name 'Int' is not defined
```

（4）缺少冒号。示例如下：

a-6-4.py

```
1   for i in range(5)
2       print(i)
```

运行上述代码，输出结果如下：

```
  File "C:\Users\tongj\AppData\Local\Temp\codemao-krKzlM/temp.py", line 1
    for i in range(5)
                   ^
SyntaxError: invalid syntax
```

（5）缩进问题。示例如下：

a-6-5.py

```
1   x = 5
2   y = 3
3   if x>5:
4   print('x大')
```

运行上述代码，输出结果如下：

```
File "C:\Users\tongj\AppData\Local\Temp\codemao-lsvoAL/temp.py", line 4
  print('x大')
       ^
IndentationError: expected an indented block
```

（6）不同类型的数据间错误运算。示例如下：

a-6-6.py

```
1   a = input("请输入数字：")
2   b = 10 + a
```

运行上述代码，输出结果如下：

```
请输入数字：5
Traceback (most recent call last):
  File "C:\Users\tongj\AppData\Local\Temp\codemao-Tbwb7k/temp.py", line 2, in <module>
    b = 10 + a
TypeError: unsupported operand type(s) for +: 'int' and 'str'
```

（7）忘记导入库。示例如下：

a-6-7.py

```
1   a = random.randint(1,5)
```

运行上述代码，输出结果如下：

```
Traceback (most recent call last):
  File "C:\Users\tongj\AppData\Local\Temp\codemao-NGUzDa/temp.py", line 1, in <module>
    a = random.randint(1,5)
NameError: name 'random' is not defined
```

（8）把==写成=。示例如下：

a-6-8.py

```
1   x = 5
2   y = 3
3   if x=y:
4       print('x等于y')
```

运行上述代码，输出结果如下：

```
File "C:\Users\tongj\AppData\Local\Temp\codemao-RBITjp/temp.py", line 3
  if x=y:
       ^
SyntaxError: invalid syntax
```

（9）索引超出范围。示例如下：

a-6-9.py

```
1   x = [1,2,3]
2   x[3] = 10
```

运行上述代码，输出结果如下：

```
Traceback (most recent call last):
  File "C:\Users\tongj\AppData\Local\Temp\codemao-4He27C/temp.py", line 2, in <module>
    x[3] = 10
IndexError: list assignment index out of range
```

对于其他类型的语法错误，读者也可以搜索控制台的提示文字，了解引起错误的原因。通过#注释一行代码、"和'将多行代码分别注释，也可以利用排除法来快速定位到出错的语句。

a-6-10.py

```
1   # 这是一行注释
2   '''
3   这是
4   多行
5   注释
6   '''
7   print('测试注释')
```

当程序可以运行但是运行结果不符合预期，一般是出现了逻辑错误。出现逻辑错误时，可以逐行代码分析可能出错的原因，也可以使用print()函数将程序运行的中间状态输出，判断程序逻辑何时出错。对于海龟绘图程序，可以通过speed()、tracer()设置绘制过程动画，便于分析运行错误的原因。

附录 B　语法知识索引

按照一般Python教材中的讲解顺序，列出相应语法知识在书中出现的对应章节，便于读者查找：

一、Python 与集成开发环境

1. Python简介（1.1）
2. Python在线开发环境（1.2）
3. Python离线开发环境（1.3）

二、基本数据类型、运算与相关基础知识

1. 常量的定义与使用
   1）字符串（1.3、12.2）
   2）整数（2.2）
   3）小数（7.2）
2. 变量的定义与使用（4.2）
3. 数字与相关运算
   1）赋值（4.2）
   2）加减乘除（8.1）

3）整除、取余（8.1）

4）复合运算符（A.1）

4. 字符串的处理

1）字符串拼接（12.2）

2）字符串元素遍历（17.1）

3）字符串元素索引（18.2）

5. 数据类型转换

1）int 函数（9.2）

2）float 函数（10.1）

3）str 函数（10.1）

6. 输入输出函数

1）print 函数（1.3、2.2、4.2、8.1）

2）input 函数（9.1）

7. 随机函数（30.2）

8. 代码缩进（5.1）

9. 注释（11.2、A.6）

三、复合数据类型

1. 列表的定义与使用（17.1）

2. 列表元素索引（18.1）

3. len 函数（19.1）

4. 列表元素的添加与删除（19.1）

5. 元组（A.3）

6. 字典（A.4）

四、比较运算符、逻辑运算符、条件语句

1. 比较运算符（13.1）

2. 区间判断（A.2）

3. 布尔类型（14.2）

4. 非、与、或运算符（14.2）

5. if 语句（13.1）

6. else（15.1）

7. elif 语句（16.1）

五、循环

1. for循环（5.1）

2. range函数（6.1、22.2）

3. while循环（31.2）

4. break、continue（A.5）

5. 循环的嵌套（11.1）

六、函数

1. 函数的定义与应用（24.1）

2. 变量的作用域（32.1）

3. 递归（29.1）

七、面向对象编程

1. 类和对象的定义（33.2）

2. 成员变量（33.2）

3. 成员函数、构造函数（33.2）

八、库的导入与应用

1. import的用法（2.1、30.3）

2. 暂停与获取时间（31.1、34.3）

3. 声音播放（35.4）

九、turtle库

1. turtle库的导入（2.1、30.3）

2. 设置画笔状态

1）shape()设置画笔形状（2.1、12.1）

2）addshape()添加图片到画笔候选图形（35.4）

3）hideturtle()隐藏画笔图形（10.2）

4）showturtle()显示画笔图形（35.4）

5）color()设置颜色（12.1）

6）pensize()设置画笔粗细（26.2）

7）begin_fill()开始填充（25.1）

8）begin_fill()结束填充（25.1）

9）penup()抬笔（21.1）

10）pendown()落笔（21.1）

　　11）speed() 设置绘制速度（10.2）

　3. 移动与绘制

　　1）forward() 前进（2.2）

　　2）backward() 后退（20.1）

　　3）right() 右转（3.1）

　　4）left() 左转（20.1）

　　5）goto() 定位到坐标（23.1）

　　6）setheading() 设置画笔朝向（27.1）

　　7）dot() 绘制实心圆（22.1、25.1）

　　8）circle() 绘制空心圆、空心圆弧（26.1、27.2）

　　9）write() 输出文字（34.3）

　4. 窗口与屏幕事件

　　1）相对坐标系与绝对坐标系（23.1）

　　2）done() 绘制结束（2.1）

　　3）bgcolor() 设置背景颜色（25.2）

　　4）setup() 设置窗口大小（28.2）

　　5）tracer() 设置是否显示绘制过程（28.2、31.1）

　　6）clear() 清屏（31.1）

　　7）bgpic() 设置背景图像（35.4）

　　8）onscreenclick() 注册鼠标单击事件（33.3）